高等学校设计+人工智能（AI for Design）系列教材

AIGC信息与交互设计

朱小杰　王颖惠　编著

清华大学出版社
北京

内 容 简 介

本书以交互设计为核心，系统探讨从用户研究到概念设计、界面设计、测试评估的完整流程。通过理论与实践相结合，深入介绍多样化的设计工具与方法以及人工智能技术在交互设计中的应用，帮助设计师在实际项目中提升效率与创造力。

本书适合作为高等院校、职业院校交互设计、用户体验设计及相关专业的教材，也适合作为其他艺术设计、交互设计爱好者和从业者的参考读物。

图书在版编目（CIP）数据

AIGC 信息与交互设计 / 朱小杰，王颖惠编著 . -- 北京 : 清华大学出版社，2025. 5.
（高等学校设计 ＋ 人工智能 (AI for Design) 系列教材). -- ISBN 978-7-302-69282-9

Ⅰ. TP11

中国国家版本馆 CIP 数据核字第 2025K7R667 号

责任编辑：田在儒
封面设计：张培源　姜　晓　张光帅　钱诗文
责任校对：郭雅洁
责任印制：沈　露

出版发行：清华大学出版社
　　　　　网　　　址：https://www.tup.com.cn，https://www.wqxuetang.com
　　　　　地　　　址：北京清华大学学研大厦 A 座　　　　　邮　　编：100084
　　　　　社 总 机：010-83470000　　　　　邮　　购：010-62786544
　　　　　投稿与读者服务：010-62776969，c-service@tup.tsinghua.edu.cn
　　　　　质量反馈：010-62772015，zhiliang@tup.tsinghua.edu.cn
　　　　　课件下载：https://www.tup.com.cn，010-83470410
印 装 者：三河市铭诚印务有限公司
经　　销：全国新华书店
开　　本：185mm×260mm　　　　印　　张：7.75　　　　字　　数：181 千字
版　　次：2025 年 6 月第 1 版　　　　印　　次：2025 年 6 月第 1 次印刷
定　　价：49.00 元

产品编号：107196-01

丛书编委会

主　编

董占军

副主编

顾群业　孙　为　张　博　贺俊波

执行主编

张光帅　黄晓曼

评审委员（排名不分先后）

潘鲁生　黄心渊　李朝阳　王　伟　陈赞蔚

田少煦　王亦飞　蔡新元　费　俊　史　纲

编委成员（按姓氏笔画排序）

王　博	王亚楠	王志豪	王所玲	王晓慧	王凌轩	王颖惠
方　媛	邓　晰	卢　俊	卢晓梦	田　阔	丛海亮	冯　琳
冯秀彬	冯裕良	朱小杰	任　泽	刘　琳	刘庆海	刘海杨
孙　坚	牟　琳	牟堂娟	严宝平	杨　奥	李　杨	李　娜
李　婵	李广福	李珏茹	李润博	轩书科	肖月宁	吴　延
何　俊	闵媛媛	宋　鲁	张　牧	张　奕	张　恒	张丽丽
张牧欣	张培源	张雯琪	张阔麒	陈　浩	陈刘芳	陈美西
郑　帅	郑杰辉	孟祥敏	郝文远	荣　蓉	俞杰星	姜　亮
骆顺华	高　凯	高明武	唐杰晓	唐俊淑	康军雁	董　萍
韩　明	韩宝燕	温星怡	谢世煊	甄晶莹	窦培菘	谭鲁杰
颜　勇	戴敏宏					

丛书策划

田在儒

本书编委会

生成式人工智能技术的飞速发展，正在深刻地重塑设计产业与设计教育的面貌。2024 年（甲辰龙年）初春，由山东工艺美术学院联合全国二十余所高等学府精心打造的"高等学校设计 + 人工智能（AI for Design）系列教材"应运而生。

本系列教材旨在培养具有创新意识与探索精神的设计人才，推动设计学科的可持续发展。本系列教材由山东工艺美术学院牵头，汇聚了五十余位设计教育一线的专家学者，他们不仅在学术界有着深厚的造诣，而且在实践中也积累了丰富的经验，确保了教材内容的权威性、专业性及前瞻性。

本系列教材涵盖了《人工智能导论》《人工智能设计概论》等通识课教材和《AIGC 游戏美宣设计》《AIGC 动画角色设计》《AIGC 游戏场景设计》《AIGC 工艺美术》等多个设计领域的专业课教材，为设计专业学生、教师及对 AI 在设计领域的应用感兴趣的专业人士，提供全面且深入的学习指导。本系列教材内容不仅聚焦于 AI 技术如何提升设计效率，更着眼于其如何激发创意潜能，引领设计教育的革命性变革。

当下的设计教育强调数据驱动、跨领域融合、智能化协同及可持续和社会化。本系列教材充分吸纳了这些理念，进一步推进设计思维与人工智能、虚拟现实等技术平台的融合，探索数字化、个性化、定制化的设计实践。

设计学科的发展要积极把握时代机遇并直面挑战，同时聚焦行业需求，探索多学科、多领域的交叉融合。因此，我们持续加大对人工智能与设计学科交叉领域的研究力度，为未来的设计教育提供理论及实践支持。

我们相信，在智能时代，设计学科将迎来更加广阔的发展空间，为人类创造更加美好的生活和未来。在这样的时代背景下，人工智能正在重新定义"核心素养"，其中批判性思维能力将成为最重要的核心素养。本系列教材强调批判性思维的培养，确保学生不仅掌握生成式 AI 技术，更要具备运用这些技术进行创新和批判性分析的能力。正因如此，本系列教材将在设计教育中占有重要地位并发挥引领作用。

通过本系列教材的学习和实践，可使读者把握时代脉搏，以设计为驱动力，共同迎接充满无限可能的元宇宙。

董占军

2024 年 3 月

2012 年，AlexNet 在 ILSVRC（ImageNet 大规模视觉识别挑战赛）中取得突破性胜利，这标志着深度学习在计算机视觉领域的崛起。摩尔定律似乎在 AI 领域获得了新生——如果说传统芯片的计算能力每 18 个月翻一番，AI 芯片的性能提升则大大超过这个速度。这种算力革命带动了模型架构的突破。从 2017 年 Transformer 架构横空出世，到 2022 年 ChatGPT 掀起大语言模型革命，再到 2023 年多模态模型百花齐放，AI 模型的参数规模从百万级跃升至万亿级，AI 的能力边界不断拓展。从图像生成到代码编写，从语音识别到视频制作，AI 应用如雨后春笋般不断涌现，重塑了各个行业的生产方式和创新模式。

技术的高速发展正逐步改变设计师的工作方式与思维模式。从最初的手工绘制到计算机辅助设计（CAD），再到如今的 AI 辅助设计，设计师的效率与创造力都得到了前所未有的提升。AI 不仅能够快速生成大量设计方案，还能根据数据进行实时调整，这种新型工具的加入使得设计流程被重构——从灵感到落地的时间大幅缩短，也让更多的可能性得以被探索。

尽管科技发展日新月异，但我们必须看到，有些核心理念和价值观始终稳固不变。正是这些不变的因素，才使得科技在不断的进化中仍然保持人性、温度与社会责任感。从计算机交互技术发展的整个历程来看，"以人为本"始终是交互设计的起点与归宿。设计师不再仅关注任务完成效率，而是更注重用户在使用过程中的情感、心理与文化需求，强调多元化与包容性，同时考虑易用性与美好的体验，为用户提供真正有温度、有意义的交互体验。

人类所特有的发散性思维以及对文化语境的敏感理解，决定了我们能够在设计中融入更深层次的共情与关怀。只有在这种富有同理心与文化洞察力的土壤中，才有可能培育与实现真正的创新。设计不应是简单的功能堆叠或美学装饰，而是对事物本质的探索与突破。

基于这样的背景，本书聚焦于以用户为中心、智能为协同的交互设计方法。通过对用户的洞察，发现需求并进行定位，继而进行构思与设计，并开展测试与评估。在核心设计流程中，介绍智能技术的应用，以帮助读者了解和掌握智能协同的交互设计方法。本书并非纯粹的设计工具书，而是期望让读者理解每个设计方法背后的原理，在此基础上掌握设计的技能和实践方法。这样一来，不论技术如何变化，设计工具的智能化如何发展，读者都能始终保持设计的定力，在未来的设计生态中找到属于自己的定位。

本书由山东工艺美术学院朱小杰、王颖惠编著，山东工艺美术学院王奇光，烟台科技学院孙铭，潍坊理工学院王晓芸、赵丽霏，山东华宇工学院王瑞雪，山东英才学院马丽明，青岛科技大学周坤鹏、江苏师范大学李飞等参与编写。苏雪妍、冯雪、黄雯、王海荣和姜浩文等在案例整理、插图设计等方面做了大量工作。本书在编写过程中，力求内容完整、结构清晰，但由于时间和编者水平有限，难免会存在一些疏漏与不足之处。恳请各位读者在阅读过程中批评指正，提出宝贵意见，以帮助我们不断改进和完善。在此，对您给予的宽容与支持深表感谢！

编　者

2025 年 3 月

教学资源与更新

|目　录|

第 1 章

概　　论

在数字化浪潮中，交互设计已从传统的界面设计发展为连接技术与用户需求的核心桥梁。它通过设计直观、高效且愉悦的交互体验，拉近用户与产品的距离，同时推动技术的创新与普及。作为现代设计的重要领域，交互设计涵盖了用户体验、界面设计及多学科协作，赋予产品更高的商业价值与社会意义。

本章将引导读者了解交互设计的基础理论、发展历程及核心方法。从早期的命令行交互到如今以用户为中心的智能协作设计，交互设计正不断演进，塑造了数字时代的生活方式与生产模式。通过本章的学习，读者将初步掌握交互设计的基本概念与实践方向，为后续深入学习奠定理论基础。

1.1　概念

交互设计作为现代设计学科的重要分支，与其他设计方向密切相关，同时又独具特点。通过聚焦用户与系统之间的动态关系，交互设计成为连接技术、艺术与用户的桥梁，显现出多学科交汇的独特魅力。在含义上，交互设计与界面设计、体验设计等相互交叠，但又各具特色。本节将深入探讨交互设计的概念，并分析其与用户体验等核心概念的关系，以帮助读者理解交互设计的多元属性与独特定位。

教学视频

1.1.1　交互设计

交互设计是一个设计领域，旨在通过设计用户与产品、系统或服务之间的互动方式，为用户提供友好的体验。它定义了两个或多个互动的个体之间交流的内容和结构，使其互相配合，以共同达成某种目的。这是一个有别于传统工业设计的全新设计领域，重点关注数字和交互体验。

交互设计（Interaction Design）这一概念最早由比尔·莫格里奇（Bill Moggridge）在20世纪80年代提出。他认为，"交互设计是于人与产品、系统或服务之间构建对话。这种对话从本质上说，既体现在身体层面，又表现在情感层面，且呈现在形式、功能与技术的相互作用之中，正如在时间的流转中所经历的那样。"1979年，在设计第一台笔记本电脑的过程中，比尔·莫格里奇意识到作为一名设计师不能仅仅设计产品的造型，还应当关注用户使用软件的体验。因为设计的对象包含软件（Software）和用户界面（User-Interface），他和比尔·佛普兰克（Bill Verplank）将其定义为交互设计（Interaction Design）。

交互设计的目的是提升数字产品的用户体验，具体而言，需要关注文本、视觉元素、物理对象或空间、时间以及行为和感受五个维度。

1. 文本

文本（特别是在交互过程中使用的文本，诸如按钮标签之类）应当具有明确的意义且易于被理解。需考量所使用的术语是否为目标用户所熟知；是否最为准确地涵盖了它们所代表的动作；是否以契合环境的语气进行传达；以及是否在整个产品中保持一致的运用。文本的根本属性在于向用户传递信息，所以要对系统中对话框的"语调"予以考虑，判断它们是否过于生硬和专断，是否存在过于令人生厌的对话内容。

2. 视觉元素

此维度涉及用户与之交互的图像、排版以及图标等图形元素。这些元素的影响力并不亚于文字，因为用户的大脑能够迅速地处理图像，并在瞬间提取其中的意义。视觉元素通常对文本元素起到补充作用，共同向用户传达信息。诸如图标、前景与背景颜色的区分、视觉层次结构的运用等都属于视觉元素。

3. 物理对象或空间

物理对象或空间指的是用户与产品或服务进行交互的媒介，即有形的控制手段，例如键盘、鼠标、触摸屏、操纵杆、游戏控制器等。这些都会对用户与产品之间的交互产生影响。

4. 时间

用户与产品或服务交互的过程中，随时间变化的内容，像声音、视频或者动画等，都代表传达信息和增强用户体验的方式。同样值得关注的是时间本身：用户是否能够追踪他们的进度？用户需要多长时间才能完成任务？

5. 行为和感受

行为和感受包含动作或操作，以及表现或反应。比如，用户在网站上如何执行操作？用户如何操控产品？它还涵盖了用户和产品的反应，例如情绪反应或者反馈等。可以说，这个纬度是前面四个维度的综合体现。

1.1.2　相关的核心概念

1. 以用户为中心的设计

以用户为中心的设计（User-Centered Design，UCD）是一种不局限于界面设计或设计技巧的设计方法。它指的是研究、规划和设计以用户为中心的产品、服务或系统的过程与方法。它关注用户在使用产品或服务时的感受、情感和需求，旨在提供优秀的用户体验。以用户为中心的设计作为一种设计理念和方法，强调将用户的需求和体验放在首位。在进行产品设计或服务提供时，从用户需求出发，保证产品或服务满足用户实际需求，并且时刻关注用户的体验与感受，通过对设计、服务进行优化提升用户满意度，以外，积极收集用户的使用反馈，以便不断优化和改进产品或服务。

2. 用户体验

国际标准化组织（ISO）将用户体验（User Experience，UX）定义为："一个人因使用或预期使用产品、系统或服务而产生的感知和反应。"用户体验不局限于界面设计或视觉美感，更强调用户与产品互动过程中的整体感受，目的是提升用户在使用产品或服务时的满意度、效率、愉悦感和忠诚度。通过深入了解用户、研究其行为和需求，UX 设计师能够设计出更符合用户期望和使用习惯的产品，从而优化用户体验，提升用户满意度。

20 世纪 70 年代末到 80 年代初，用户体验的研究大量涌现。尽管当时"用户体验"这一概念尚未明确提出，但研究者已开始关注用户与计算机等机器之间的交互效果和感受，为人机交互领域的发展奠定了基础。在 20 世纪 90 年代中期，唐纳德·诺曼（Donald Arthur Norman）将"用户体验"这一概念延伸到更广泛的设计领域。他主张设计应关注用户在使用产品或服务过程中的整体感受，包括情感、认知和行为等多个方面。在 20 世纪 90 年代中期，许多公司将用户体验作为产品的关键差异化因素。随着 2000 年左右互联网的迅猛发展，关于用户体验的专著大量涌现，其在网页设计领域占据了重要地位。

近年来，用户体验已不再局限于计算环境中的简单交互，而成为线上或线下产品及服务质量的重要衡量标准。如今，许多公司设置了独立的用户体验部门，用户体验的内涵也日趋广泛。

1.2　交互设计流程

研究表明，在交互和用户体验设计上每投入 1 美元，就可能带来高达 100 美元的收入回报。这种显著的投资回报来自提升用户满意度、降低开发成本以及增加客户忠诚度。相反，糟糕的用户体验可能导致巨大的财务损失。据研究，88% 的在线消费者在遭遇不良用户体验后不太可能重访该网站，这明确显示了用户体验设计与商业成功之间的紧密关联。交互设计的成功不仅在于美观的界面，更在于对用户需求的深刻洞察和不断改进的流程。它的核心目标是确保数字产品能够顺畅地融入用户的日常生活，使技术真正服务于人类的需求与期望。

教学视频

通常，交互体验设计的流程可分为发现、定义、设计、测试以及发布五个阶段，如图 1-1 所示。

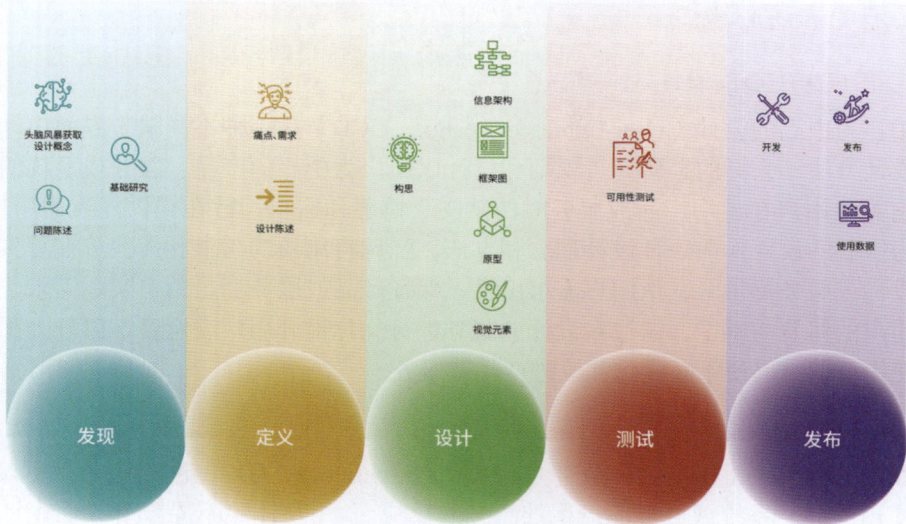

图 1-1   设计流程

1.2.1   发现

发现阶段在用户体验设计的早期阶段至关重要，主要目的是深入了解问题背景，明确待解决的问题，收集相关证据并确定后续的行动方向。这一阶段的工作能为整个设计项目奠定坚实基础，确保设计方向符合用户和业务需求。在发现阶段，设计团队重点关注以下两个方面。

理解用户与剖析问题。通过对用户的研究和调查，深入挖掘用户特征、需求和期望，了解用户痛点以及现有问题对他们的实际影响。通过用户访谈、日记研究和实地观察等方法，团队不仅能够全面识别用户需求，还能够明确用户对解决方案的期望及其背后的动机。同时，借助市场调研和竞品分析，团队可以揭示市场机会，识别产品的差异化方向和潜在创新点。明确现有业务流程、技术能力和其他约束条件，可以帮助团队设定可行的探索范围，避免设计方案在后续实施中遇到技术或流程障碍。

建立共享愿景与明确项目目标。在项目启动时，团队应与利益相关者密切合作，确保项目整体业务目标和期望成果清晰透明。通过明确项目的衡量标准，设计团队和利益相关者可以评估各解决方案的有效性，并保持团队在设计目标上的一致性。这样的共享愿景使得团队能够专注于具有高影响力的问题和相应的解决方案。

在发现阶段，团队应呈现以下成果，以为后续设计提供支持。

1. 明确的问题陈述

基于充分证据清晰地描述问题的严重性和重要性，使团队对问题有一致理解，为后续设计和决策提供依据。

2. 用户需求声明

明确用户需求和期望，使设计团队始终以用户需求为核心，确保设计方案切实解决用户实际问题。

3. 概念或线框图（可选）

在某些情况下，团队会创建高层次设计概念或线框图，用于在后续阶段进一步探索和测试，帮助快速评估和改进设计思路。

设计发现阶段的工作为项目的整体方向和策略奠定了基础，确保团队在后续阶段保持以用户为中心的设计视角，并且实现科学、系统的设计迭代。通过整合用户研究、利益相关者沟通和协作研讨会的成果，团队能够从多个层面理解需要解决的问题，制订清晰、可行的设计策略。

1.2.2　定义

在设计流程中，定义阶段起着承上启下的关键作用，它基于前期研究成果，明确项目目标、用户需求和需要解决的具体问题，为后续设计提供清晰方向，是确保设计项目精准满足用户需求和达成业务目标的重要环节。定义阶段，团队需要重点关注以下两点。

精准定位用户问题。对在发现阶段收集到的大量用户信息、需求、痛点及行为数据进行深入分析和综合梳理，从中提炼出关键问题，明确用户真正面临的核心问题以及产品或服务需要解决的核心痛点，避免设计方向出现偏差。

明确设计方向与目标。根据对用户问题的精准把握，结合业务目标和市场需求，确定清晰、具体且具有针对性的设计方向，确保设计工作紧密围绕解决用户问题展开，为后续设计阶段提供明确的目标指引，使设计团队清楚地知道要达成什么样的用户体验和业务成果。

在定义阶段，团队应呈现如下阶段性成果。

1. 完善用户画像与需求清单

根据新的研究分析结果，对用户画像进行进一步细化和完善，使其更准确地反映目标用户的特征、需求和行为模式。同时，梳理出详细的用户需求清单，明确用户在功能、体验、情感等方面的期望和要求，为设计决策提供详细的依据。

2. 明确的问题陈述报告与设计目标

形成一份清晰、准确且详细的问题陈述报告，明确阐述用户面临的核心问题以及产品或服务需要实现的具体设计目标，确保设计团队对项目的核心任务有统一且明确的认识，为后续设计工作奠定坚实的基础。

3. 确定设计方向与策略

基于对用户问题的精准定义和业务目标的考量，确定整体设计方向，包括产品或服务的定位、核心功能与特色、用户体验策略以及与竞争对手的差异化方向等，同时制订初步的设计策略和规划，明确设计工作的重点和优先级，指导后续设计工作的顺利开展。

1.2.3　设计

设计阶段是整个设计流程的核心阶段，是将前期对用户和问题的理解转化为具体设计方向和初步方案的过程，对后续的原型制作、测试及最终产品的成功交付具有决定性影响。

在这一阶段，团队成员被鼓励从不同角度重新审视要解决的问题，探索各种潜在的设计方向，以满足用户需求并解决前期研究阶段所界定的问题。这些创意不仅包括功能层面的革新，还涵盖了交互方式、视觉呈现、用户体验流程等多个方面，目的是全面提升产品或服务的整体用户体验质量。通过多维度、多视角的创新思考，团队能够创造出兼具实用性与吸引力的设计解决方案，真正满足用户的需求，并在市场中脱颖而出。

从众多创意中筛选出最具潜力和可行性的设计概念，是设计过程的重要环节。在此过程中，需要综合评估每个概念在满足用户需求、技术可行性、商业可行性以及与品牌形象一致性等方面的表现，以确保最终选择的方案具有充足的实用价值与市场竞争力。

对于筛选出的设计概念，团队应进一步进行优化和细化，完善各个细节，使其逐渐变得清晰、具体，最终形成初步的设计方案雏形，为进一步验证和改进提供基础，并确保设计方案符合用户预期和市场需求。

在设计阶段，团队需要呈现如下阶段性成果。

1. 多样化的创意概念集合

经过头脑风暴、创意提问等方法产生的大量创意想法，以草图、文字描述、故事板等多种形式呈现，形成一个丰富的创意库，展示了不同方向和角度的设计可能性。这些创意概念涵盖了从整体产品概念到具体交互细节、视觉风格等各个层面的内容，为后续的筛选和优化提供了充足的素材。

2. 初步筛选后的设计方案

对创意概念集合进行评估和筛选后，确定几个最具潜力的设计概念方案，每个方案都有独特的特点和优势，包括对用户需求的满足方式、创新点、技术可行性等方面的简要说明。这些初步筛选后的方案通常以更详细的草图、线框图或故事板等形式呈现，清晰地展示设计概念的核心架构、用户流程和主要交互元素，便于进一步的分析和比较。

3. 细化的设计方案雏形

针对选定的设计概念方案进行深入细化，明确产品或服务的功能模块、信息架构、交互逻辑、视觉风格方向等关键要素，形成一个相对完整的设计方案雏形。包括详细的线框图，标注各个元素的功能和交互方式；初步的视觉风格指南，如色彩搭配方案、字体选择意向等；以及对用户体验流程的详细描述，从用户进入产品到完成主要任务的全过程规划，为后续的原型制作和测试奠定坚实的基础。

4. 设计文档与说明

整理和编写相关的设计文档，记录设计过程中的关键决策、设计思路、用户需求分析结果等信息，以便团队成员之间的沟通、协作以及后续的设计回顾和优化。设计说明则对设计方案雏形中的各个部分进行详细解释，包括为什么采用特定的设计元素、如何满足用户需求和如何实现业务目标等，确保团队成员和利益相关者对设计方案有清晰的理解，同时为开发人员提供明确的开发指导。

1.2.4   测试

测试阶段是确保产品或服务符合用户需求、具有良好可用性和用户体验的关键环节。

该阶段主要通过各种测试方法收集用户反馈，发现设计中存在的问题，并依据反馈对设计进行优化改进，以提升产品或服务的质量。

在测试阶段，需要深入检查产品或服务的设计是否存在可用性问题，如用户操作流程是否便捷、界面元素是否易于理解和操作、信息架构是否合理等，确保用户能够顺利完成任务。识别设计中的缺陷和错误，包括功能异常、交互逻辑混乱、视觉显示问题等，及时发现并解决潜在的问题，避免影响用户体验。

在测试阶段需要收集丰富的用户反馈信息，包括用户的行为数据、意见和建议等，深入了解用户的需求和期望，明确设计需要改进的具体方面和重点。根据测试结果，分析问题产生的原因，为设计团队提供明确的改进方向和思路，指导后续的设计迭代工作，使产品或服务不断完善。

在测试阶段，团队需要呈现以下阶段性成果。

1. 测试报告与问题清单

详细记录测试过程中发现的所有问题，包括问题的描述、出现的频率、严重程度等信息，对每个问题进行分类和整理，以便设计团队能够清晰地了解问题的全貌和优先级。

2. 用户反馈与意见汇总

整理和归纳用户在测试过程中提出的各种反馈意见和建议，包括对产品功能、交互设计、视觉效果、使用体验等方面的评价和期望，这些反馈反映了用户的真实需求和感受，能为设计改进提供重要依据。

3. 数据分析结果与指标评估

对测试过程中收集到的用户行为数据、性能数据等进行深入分析，如任务完成率、错误率、用户停留时间、操作路径等指标，通过数据可视化等方式呈现分析结果，帮助团队直观地了解产品或服务的性能表现和用户行为模式。

4. 改进建议与优化方向

根据测试发现的问题、用户反馈和数据分析结果，提出有针对性的改进建议和优化方向，明确产品或服务在功能、交互、视觉等方面需要进行调整和改进的具体内容，为后续的设计迭代提供指导。

1.2.5　发布

发布阶段是将产品或服务推向市场并持续发展的关键时期。在此阶段，企业务必确保产品业已经过充分测试，且已做好向目标市场推出的准备。在发布阶段要确保产品或服务按时、稳定地推向市场，让目标用户能够顺利访问和使用。协调各方资源，包括技术团队、运营团队、市场团队等，确保上线过程无差错，避免出现技术故障、服务器崩溃、数据丢失等问题，保证产品的初始可用性。

产品发布后要收集产品上线后的用户反馈、市场反应和数据指标，评估产品是否真正满足用户需求和市场期望。了解用户对产品功能、用户体验、视觉设计等方面的满意度，判断产品是否能够解决用户在实际使用场景中的问题，以及是否符合市场趋势和竞争态势。

搭建多种渠道方便用户反馈使用过程中的问题、建议和意见，如设置在线客服、反馈表单、用户社区等。确保用户的声音能够及时被听到和处理，让用户感受到被关注和重视，提高用户对产品的信任度和忠诚度。

最后，需要根据用户反馈和数据分析结果，对产品进行持续改进和优化，提升产品性能，修复漏洞和弥补缺陷，改进用户体验不佳的地方。不断迭代产品，以适应市场变化、用户需求演变和技术发展趋势，保持产品的竞争力。

1.3 人工智能与设计

如今科技发展日新月异，人工智能（Artificial Intelligence，AI）逐渐走进了我们日常生活与工作中，设计领域同样深受其影响。AI 与设计的结合，给设计带来了许多新变化，也带来了不少机遇和挑战。在本节中，我们着重聚焦于人工智能的起源与发展历程，深入探讨其在不同设计领域的具体应用以及对设计产生的多方面影响，最后对未来人工智能与设计的发展走向进行前瞻性展望。

1.3.1 人工智能

人工智能领域的开创者之一，斯坦福大学教授尼尔斯·约翰·尼尔森（Nils John Nilsson）对人工智能的定义是："人工智能是关于知识的学科——它探讨如何表示知识、获取知识以及如何利用知识。"美国麻省理工学院的帕特里克·温斯顿（Patrick Winston）教授则认为："人工智能致力于研究如何让计算机承担一些过去仅有人类才能完成的智能工作。"这些观点反映出人工智能学科的核心是"智能"概念的迁移与重塑：从过去只存在于人类大脑中的独特能力，到借助数据和算法，将部分智能活动转移或扩展到机器身上。

而对设计专业的学生而言，理解 AI 的基本概念不仅仅局限于技术本身，更要理解"智能"与"创造"之间的关系。AI 为设计提供了全新工具，它既能在信息分析和模式发现上帮助设计师大幅提升效率，又能在灵感激发和方案生成中提供助力。在未来的设计过程中，AI 或许会与设计师形成一种"共创"关系：机器处理大量数据、寻找潜在模式，而设计师则对这些模式进行再设计与情感化呈现。

1.3.2 人工智能在设计中的应用

人工智能技术蓬勃发展，深刻重构了工作与学习模式，在设计领域影响显著，它不仅提升了设计效率和质量，也拓展了设计内涵与外延。与此同时，人工智能生成内容（AIGC）技术的快速发展为艺术、设计及相关教育领域带来新的机遇和挑战。AIGC 技术借助深度学习算法训练分析海量数据，产出符合人类认知与审美特征的创意内容，促使设计师角色和工作流程转变，迈入人机共创时代。但技术的发展并未改变设计的本质：通过创造与创新提升人类生活品质。未来设计师应将 AI 作为可持续发展的战略工具，主动适应变革，通过人机协同继续发挥其独特的人文与创意思维。以下将从多个设计领域探讨 AIGC 及相关 AI 技术的具体应用和影响。

1. 平面设计

人工智能在平面设计领域的应用为创意生成、图像处理、自动化排版与布局以及字体生成与识别等环节带来了革命性变革。首先，AI 能深度分析海量的设计作品和图像，帮助设计师快速获取灵感、生成多元方案，加速从构思到落地的过程；其次，智能图像处理与抠图技术极大提升了平面设计效率，支持高频次视觉迭代与丰富的表现手法；再次，AI 驱动的自动化排版和布局功能能够根据文本内容、行距等要素生成美观且规整的排版方案，让设计资源更易普及和共享；最后，AI 可自动创作与识别字体，为字库的设计与开发提供便捷途径，大幅缩短时间、降低成本。这些能力不断拓宽设计的创意边界，实现了设计效率与品质的双提升。

2. 服装设计

人工智能在服装设计领域的应用覆盖了从创意到生产再到展示的全过程。首先，AI 能基于海量时尚元素与潮流趋势快速生成新的服装设计方案，极大提升设计师的灵感来源与创作效率；其次，通过人体扫描与 CAD 等技术，利用 AI 算法可精准生成服装板型，降低了人工打版的成本与出错率；最后，AI 辅助的 3D 建模与虚拟试穿技术让用户能够在数字环境中实时试穿与调整设计方案，从多角度观察服装细节与整体呈现效果，不仅提升了用户的购物体验，也推动了线上消费模式朝更沉浸化、个性化和精准化方向发展。

3. 交互设计

人工智能在交互设计中的应用覆盖了从输入方式、信息识别到用户行为预测和情感交互等多个层面。首先，语音识别和自然语言处理让用户能通过简单的语音指令轻松控制各种设备，为智能家居和智能汽车等领域提供了高可用性的交互手段；其次，图像识别可深度理解用户上传的图像和视频，实现人脸识别、物体识别等，在智能安防、智能导购和智能导航等情境中发挥关键作用；再次，借助机器学习算法进行用户行为预测，系统可根据用户习惯和偏好自动优化界面布局和功能配置，提升交互体验的个性化程度；最后，随着交互设计工具不断集成 AI，覆盖从用户研究、创意构思到设计开发和测试反馈的全流程，交互设计的工作模式与方法论正迎来新的变革和升级。

4. 工业设计

人工智能在产品设计优化与自动化设计方面展现出显著优势。首先，它从功能、美观与成本效益等多角度对设计方案进行快速评估与反馈，帮助设计师在较短的周期内完成多轮迭代，显著提升设计品质；其次，AI 能根据设计师给定的参数和需求自动生成设计草图，并快速转化为可视化效果图，大幅提高设计效率。未来，随着 AI 在 3D 建模等技术上的不断进步，还将为结构设计与模型开发等流程提供更有力的支持。

5. 影视动画设计

人工智能在影视领域的深度应用，让制作流程更加高效、灵活。在角色建模方面，AI 通过对大量面部和身体特征数据进行深度学习，能够生成逼真、细腻的角色模型，如《阿凡达》中就运用了此技术；在视频后期制作中，AI 可自动去噪、锐化、色彩校正和镜头平衡，并借助风格迁移算法辅助剪辑与特效，实现更高效的后期流程；在脚本创作层面，以

ChatGPT 为代表的 AI 工具能深入分析海量电影剧本，为编剧提供灵感与建议；在场景建设方面，AI 通过分析剧本内容和导演需求生成多种设计方案，并协助优化布局与光影效果，极大地提升场景设计的效率与品质。

1.3.3　总结与展望

人工智能正在深度影响设计产业的各个领域，从平面与服装设计到交互、工业和影视动画设计，AI 工具正逐步成为设计师的有效助手。它既能快速生成灵感与草图，又可自动完成烦琐的后期处理与优化工作。这使设计师得以将更多精力投入富有创造性与审美判断的高价值环节中。

然而，我们也需关注 AI 应用中可能存在的隐私保护、版权归属、偏见与伦理问题。未来的设计生态将走向人机协同模式：设计师在引入 AI 作为战略性工具的同时，也需要保持对人文关怀与原创精神的重视，确保设计在智能时代继续焕发独特的个性魅力与文化价值。

思考与练习

1. 交互设计的五个维度是文本、视觉元素、物理对象/空间、时间、行为与感受。假设要设计一款针对儿童的智能教育机器人，需通过语音和触屏交互实现知识问答、情绪互动功能。请回答下列问题。

（1）从五个维度分别列举至少一个设计要点，并说明其如何满足儿童用户的需求。

（2）解释为何"行为与感受"维度是其他维度的集合体现。

2. 若需为偏远地区老年人设计一款远程医疗问诊设备，请提出三种用户研究方法，并说明每种方法如何帮助设计者发现潜在痛点。

3. 以智能语音助手（如 Amazon Alexa）为例，说明 AI 技术（自然语言处理、用户行为预测等）如何通过交互设计的四个层面（输入方式、信息识别、行为预测、情感交互）提升用户体验。

第 2 章

用户和用户研究

用户是交互设计的核心，所有设计决策都应围绕用户需求和体验展开。在数字化与智能化浪潮推动下，理解用户的目标、行为模式以及情感需求，已成为设计师提升产品竞争力和用户满意度的关键。用户研究作为连接设计师与用户的重要桥梁，通过科学的研究方法，将用户的真实需求转化为设计的依据，确保产品不仅实用，更具人性化与吸引力。

本章将聚焦用户研究的理论与实践，详细阐述用户的特征、目标、需求与痛点，并介绍在不同设计阶段可采用的研究方法，如用户访谈、问卷调查与焦点小组等。通过本章的学习，读者将掌握如何通过系统性的用户研究，深度挖掘用户洞察，为产品设计提供强有力的支持，同时提升设计决策的科学性和准确性。

2.1 用户

用户通常指的是与产品、服务或系统进行交互的使用者。在 UX 设计和研究的过程中，用户是整个设计流程的核心关注对象，因为他们的需求、目标、行为模式和情感反应直接影响产品的易用性与满意度。

用户的概念包含两层含义：首先，用户是人类的一部分，人的行为不仅受到视觉、听觉等感知能力等基本生理功能的影响，还深受心理、性格、物理与文化环境、教育背景以及个人经历等因素的制约。其次，用户是产品的

教学视频

实际使用者，是以用户为中心的设计关注的对象，即产品使用相关的特定群体，包括当前、潜在或未来的使用者。在实际使用中，用户心理、行为与产品特性紧密相关，例如用户对产品的认知度、期望、操作产品所需的基本技能及使用频率等都影响其使用行为和体验。

2.1.1　用户的特征

研究用户需从用户普遍的人类属性和与产品相关的特殊属性入手，具体包括人口统计特征、心理特征、行为特征以及环境与情境特征等。

人口统计特征：包括用户的年龄、性别、职业、受教育程度、收入水平、地理位置等基本统计信息。这些特征有助于了解用户的宏观背景，从而为细分用户群体、制订目标市场策略提供依据。

心理特征：涉及用户的价值观、态度、兴趣爱好、动机和生活方式等。这些特征更深入地反映用户的精神层面，可帮助设计者理解用户的内在驱动力与偏好，从而在产品定位、内容呈现和情感体验塑造上进行更有针对性的设计。

行为特征：包括用户的使用习惯、使用频率、使用场景、操作路径、任务完成方式、忠诚度和使用产品的模式等。这些特征直接与用户的操作行为相关，有助于设计者挖掘可用性问题、优化交互流程以及提升产品的易用性和满意度。

环境与情境特征：包括用户在使用产品时所处的环境、使用的平台和设备（如移动端、桌面端、户外场景、办公环境）、网络条件、物理限制（例如屏幕尺寸、音量控制）以及社会文化背景。这些因素决定了用户的使用条件和适应程度，能为设计者在不同情境下提供符合用户需求的体验方案。

2.1.2　用户的目标、需求和痛点

在用户体验设计中，目标是用户期望通过产品达到的结果或完成的任务，驱动用户与产品的互动方向。目标可拆解为具体需求，也能将需求整合为整体目标。需求通过用户调研和分析挖掘。痛点是用户在使用产品或服务时遇到的困难、不便，阻碍用户达成目标或满足需求。目标、需求、痛点之间的关系就像问题与解法的链条：用户的目标是方向与目的，需求是实现目标的必要条件，而痛点是要解决的"问题节点"，满足需求、消除痛点，产品才能帮助用户实现目标。

1. 目标

用户的目标是指用户在使用产品或服务时所希望达到的具体结果或效果。这些目标通常与用户的个人或业务需求相关，并且是驱动他们采取行动的原因。例如，用户的目标可能是购买一件商品、获取特定信息、完成一项任务或解决某个问题。目标是对理想状态的认知表述，或者说，是用户对事情发展的心理想法。

2. 需求

用户的需求是指用户在使用产品或服务时所需要的具体功能、特性或条件。这些需求通常基于用户的期望、偏好和限制，并反映了他们对产品或服务的期望。需求可以是显性的（用户明确表达出来的），也可以是隐性的（需要通过观察和分析来发现）。例如，用户

可能需要一个易于导航的网站、一个高效的搜索功能或一个能够自定义设置的应用程序。

明确用户需求是发现阶段的核心目标，它帮助我们理解我们的用户是谁以及用户使用产品或服务的情况。用户需求具有多样性、变化性、隐蔽性、层次性等特点。

（1）多样性：用户需求因个体差异、文化背景、使用场景等因素不同而呈现多样性，不同的用户有不同的需求和期望。比如，以地图导航应用为例，有些用户需要驾车导航，希望路线准确、避免拥堵；有些用户关注公共交通信息，需要精准的班次和站点信息等。

（2）变化性：用户的需求随着市场和技术的发展或个人原因的变化而不断变化，我们要密切关注市场动态和用户需求的变化，以便及时调整产品策略和市场策略。以在线视频平台为例，初次使用者可能是想找到特定的某一部电影，这需要平台有较完整的媒体库；随着使用的深入，用户可能开始期待个性化推荐，以找到更新、更多的内容。

（3）隐蔽性：有时用户可能无法准确表达自己的需求，或者可能对自己的需求并不完全了解。比如，在理财应用中，用户的表面需求可能是更便捷的记账工具、更清晰的数据可视化，但实际上可能是想借助理财应用获得对未来财务状况的安全感、对自我理财能力的肯定和长期资金规划的掌控感。

（4）层次性：用户需求通常具有层次性，包括基本需求、期望需求和潜在需求。比如，在一款健身应用中，基础层面的需求是清晰的课程视频和运动记录功能；稍高层次的需求是个性化的健身计划和进度跟踪；更高层次的需求则是满足用户提升自我管理能力、获得健身成就感和社群鼓励的心理诉求。从表面的功能到深层的心理满足，用户需求呈现层次化结构。

3. 痛点

用户的痛点是指在使用产品或服务过程中遇到的困难、不满或障碍，这些问题可能妨碍用户达成目标或满足需求。与需求不同，痛点通常是隐性、主观的。痛点会给用户带来额外的成本，这可能是认知成本、体验成本甚至是财务成本。为了更好地理解用户的痛点，我们可以通过分类的方式对其进行梳理。

（1）功能性痛点：指产品本身功能缺失、设计不合理或无法满足用户需求的部分。例如，缺少用户期望的核心功能、功能设计过于复杂导致学习成本高、功能分布不合理导致用户难以快速找到所需工具等。

（2）可用性痛点：这类痛点与交互设计、信息架构和界面布局直接相关，导致用户难以顺畅地完成任务。例如，界面信息层级混乱、导航难用、输入流程冗长或操作步骤过多等。

（3）性能与效率痛点：当产品在响应速度、加载时间、稳定性等方面表现不佳时，会直接降低用户体验。例如，加载时间过长引发用户等待焦虑、系统频繁崩溃或报错导致进度中断等。

（4）情感与信任痛点：这些痛点关注用户的心理与情感层面。例如，交互过程让用户感到沮丧或受挫、界面风格或文案让用户产生不舒适感、用户对数据安全和隐私保护缺乏信任从而影响长期使用意愿等。

（5）内容与信息痛点：与信息传达不清晰、内容缺乏逻辑或过度冗余相关的痛点。例如，产品说明或帮助文档不明确导致误操作、提供的信息不足或不精确导致决策困难、文案表述晦涩难懂使用户增加认知负担等。

2.2　用户研究

　　用户研究是一种系统性的研究方法，旨在通过深入调查和分析用户的目标、需求、行为、态度和反馈，帮助企业更好地理解和服务目标用户群体。作为以用户为中心的设计流程的首要环节，用户研究的核心目的是了解用户，并将用户的实际需求作为产品设计的根本导向。

　　用户研究的价值体现在多个方面。首先，它为产品设计提供重要的理论依据和实践支持，使设计更具针对性与科学性。通过分析用户行为、习惯和偏好，设计师能开发出更直观、易用且吸引人的交互设计，提升产品可用性与用户黏性。同时，通过收集分析用户反馈可发现产品存在的问题并优化调整，提升用户体验与满意度。此外，用户研究还能洞察市场需求和趋势，为企业市场定位与策略制订提供方向，通过了解目标用户的生活方式、购买习惯及个人偏好，助力企业设计出符合市场需求的产品，增强竞争力。

2.2.1　用户研究方法

　　根据用户研究在设计流程中所处的阶段，可以将用户研究分为基础研究、设计研究以及发布后研究。在设计之前所做的研究为基础研究，通过了解用户的需求来定义产品和战略，解决"构建什么"的问题；在设计过程中所做的研究称为设计研究，通过原型测试了解用户的体验和感受，从而保证产品的使用足够方便和有效，解决"如何构建"的问题；在产品发布之后的研究，用于评估产品满足用户需求的程度，还可以通过产品的市场表现，掌握用户研究的投入对产品的效果，解决"产品成功与否"的问题（图 2-1）。

图 2-1　用户研究的分类

1. 基础研究

　　基础研究是在设计开始之前完成的。在产品开发生命周期中，基础研究发生在第一个阶段。基础研究帮助我们和用户共情，了解用户的需求，并激发新的设计方向。在基础研究中，研究目标是了解用户的需求以及设计的产品如何满足这些需求。

在基础研究中，需要考虑的问题包括以下几个方面。

- 我们应该构建什么？
- 用户的问题是什么？
- 我们如何解决这些问题？
- 我是否意识到自己的偏见？我是否能够在研究时过滤这些偏见？

常见的基础研究方法包括以下几种。

- 用户访谈：对目标用户进行采访，以收集有关人群的意见、经验和感受。
- 问卷调查：以问卷等形式对大量用户调查相同的问题，以了解大多数人对产品的看法。
- 焦点小组：研究一小群人的反应。例如，焦点小组可能会将八个用户聚集在一起，讨论他们对设计中新功能的看法。焦点小组通常由主持人主持，他指导小组讨论某个主题。
- 竞品分析：概述竞争对手的优势和劣势。
- 实地研究：指在用户环境或个人环境中进行的研究活动，而不是在办公室或实验室中进行的研究活动。
- 日记研究：用于收集有关用户行为、活动和体验随时间变化的定性数据。用户通过记录或写日记的方式记录日常活动，提供有关行为和需求的信息。

2. 设计研究

设计研究是在设计过程中完成的。设计研究为设计提供信息，满足用户的需求并降低风险。每当我们创建一个新版本的设计时，都应该进行新的研究，以评估哪些效果好，哪些需要改变。在设计研究中，我们的目标是回答这个问题：我们应该如何构建它？

设计研究将根据我们的工作地点和正在构建的内容而有所不同。设计研究的最常用方法是可用性研究，这是一种通过在用户身上进行测试来评估产品的技术。可用性研究的目标是确定用户在原型中遇到的痛点，以便在产品发布之前解决该问题。

可用于设计研究的其他研究方法包括以下几种。

- A/B 测试：用于评估和比较产品的两个不同版本或设计，以发现其中哪一个更有效。例如，你可以让用户评估应用主页的两种布局，以确定哪种布局更有效。
- 游击研究：通过将设计或原型带入公共领域并询问路人的想法来收集用户反馈。例如，你可以坐在当地的咖啡店里，询问客户是否愿意花几分钟测试你的设计并提供反馈。
- 卡片分类：指示研究参与者将写在记事卡上的单个标签分类为他们认为有意义的类别。这种类型的研究主要用于弄清楚项目的信息架构。

3. 发布后研究

在产品开发生命周期中，发布后研究在产品发布之后进行，以帮助验证产品是否通过既定指标满足用户需求。在发布后研究中，我们的目标是回答以下问题：我们成功了吗？本研究将根据已建立的指标（例如采用率、使用情况、用户满意度等）告诉我们最终产品的性能。

研究要深入了解用户对我们产品的看法，以及他们使用产品的体验是否与我们预期的一致。可用于发布后研究的研究方法包括以下几种。

- A/B 测试。
- 可用性研究。
- 问卷调查。
- 日志分析：用于评估用户与你的设计、工具等。

在开展用户研究之前，首先要明确研究的目的，根据研究在设计流程中不同的阶段，选择合适的研究方法。在本节内容中，我们重点介绍在基础研究阶段中常用的研究方法，如用户访谈、问卷调查、焦点小组等。

2.2.2 基础研究

1. 用户访谈

用户访谈是用户研究中的常用方法，通过与用户深入、专注交流，探索用户内心想法与需求，来收集用户的意见、态度、经历和感受等深入信息，是了解用户心理最直接的方法。访谈最好不少于五人，从用户反馈的相似之处洞察用户心理。

用户访谈是研究型的交谈，通过口头交流收集和梳理资料。与普通谈话相比，它有明确的计划、目的和时间安排，且谈话主题明确。访谈过程力求真实，不能随意赞同或评价，常伴随记录行为，结束后还需梳理和总结。

1）开展用户访谈

（1）访谈前准备。在规划用户访谈时，先明确访谈目的（如功能调研、体验评估、需求挖掘等），再对产品和竞品有充分了解。选取 8~10 位目标用户确保背景多样化；根据访谈目的设计访谈大纲，优先采用开放性问题，避免引导式提问，访谈时长建议 30~60 分钟。最后通过问卷等方式招募用户并提前沟通时间、形式等细节，确保访谈顺利进行。

（2）访谈过程。访谈需要选择宽松、舒适的环境，减少外界干扰。访谈开始时，先自我介绍，并说明本次访谈的相关信息，包括目的、流程、注意事项等。

提问问题时应遵循访谈大纲，但不必严格遵守顺序，可根据需求或者用户的回答灵活调整。一次只问一个问题，给用户足够的思考时间。在访谈时需要密切观察用户的表情、动作、声音等信息，以获取更多非语言反馈，并鼓励用户多说产品不好的地方，获取更多真实反馈。遇到用户不理解的问题时，可以举例子帮助其理解。

多倾听，适当引导用户说出自己的真实诉求和问题所在。当用户反过来提问时，不要急于给出答案，先探究用户为什么会问这个问题。访谈过程中做详尽记录，包括用户的回答、表情、动作等信息。对于用户发散回答的内容也应记录，这可能是重要的需求和痛点。

（3）访谈后整理与分析。访谈结束后及时总结、思考，调整、优化访谈大纲。汇总访谈记录，根据访谈大纲进行仔细的分类整理。在有争议的细节处进行讨论分析，形成洞察报告。

2）人工智能辅助的用户访谈

人工智能在用户访谈中的应用大体可以分为三个部分，访谈设计、数据收集、结果和分析。

（1）访谈设计。人工智能在用户访谈设计中的应用日益广泛，利用人工智能进行辅助可以提高访谈设计的效率，还可以丰富访谈的方式和深度。可以通过聊天机器人这种人工智能技术驱动的自然语言处理工具来进行访谈设计。输入自己的需求，人工智能工具会与我们进行相应的对话，对我们的问题进行相应的解答。

在访谈设计阶段可以使用 ChatGPT、通义千问等大语言模型进行辅助。比如，可以采用如下提示词。

> 我正在进行 [产品名称] 的用户体验研究，需要设计一份 [访谈类型] 访谈提纲。
> 研究目标是 [具体目标]。
> 目标用户群是 [用户特征]。
>
> 请帮我设计一份访谈提纲，要求如下。
> • 访谈时长：[预期时长]。
> • 访谈形式：[形式，如半结构化、结构化等]。
> • 必须覆盖的主题：[列出关键主题]。
> • 特别关注的方面：[特别需求]。
>
> 提纲中应包含以下内容。
> • 开场白部分。
> • 受访者背景信息收集。
> • 主要问题。
> • 结束语。
>
> 访谈注意事项如下。
> [其他特殊要求]

比如，如果我们要通过访谈了解用户对 Airbnb 的搜索功能的体验，可以采用如下提示词。

> 我正在进行 Airbnb 搜索功能的用户体验研究，需要设计一份半结构化访谈提纲。
> 研究目标是了解用户使用搜索功能时的行为模式、痛点和需求。
> 目标用户群是在过去 3 个月内使用过 Airbnb 至少 3 次的活跃用户。
>
> 请帮我设计一份访谈提纲，要求如下。
> • 访谈时长：45~60 分钟。
> • 访谈形式：半结构化。
> 必须覆盖的主题如下。
> • 用户使用场景。
> • 搜索流程体验。
> • 筛选功能使用。

- 搜索结果展示。
- 改进建议。

特别关注用户在使用过程中的情感体验和具体行为细节。

提纲中应包含以下内容。
- 开场白（包括访谈目的说明和隐私声明）。
- 受访者基本信息收集问题。
- 主要访谈内容（请按照用户体验过程的顺序组织）。
- 结束语。
- 访谈注意事项。
- 适合的追问句式示例。

请确保问题设计符合定性研究的原则，避免诱导性问题，同时应有足够的灵活性以探索意外发现。

GPT 可以给我们提供如下访谈提纲。

Airbnb 搜索功能用户体验访谈指南
访谈基本信息
- 访谈时长：45~60 分钟。
- 访谈形式：半结构化访谈。
- 访谈主题：Airbnb 搜索功能的用户体验。

开场白（5 分钟）
- 自我介绍与感谢。
- 解释访谈目的和流程。
- 说明隐私保护措施。
- 征求录音许可。
- 强调没有对错之分，鼓励真实反馈。

受访者背景信息（5 分钟）
- 您使用 Airbnb 多久了？
- 平均多久使用一次 Airbnb 预订住宿？
- 最近一次使用 Airbnb 是什么时候？目的是什么？

主要访谈内容（35~40 分钟）
1. 一般使用场景
- 能描述一下您通常在什么情况下会使用 Airbnb 搜索功能吗？

- 在开始搜索之前，您通常会做什么准备？

2. 搜索过程体验

- 请回忆并描述一下您最近一次使用 Airbnb 搜索住处的完整过程。
- 在搜索过程中，哪些步骤让您感觉特别顺畅？
- 有遇到任何困难或困惑的地方吗？

3. 具体功能评价

搜索条件设置：

- 您最常用的搜索条件有哪些？
- 对于价格区间的设置，您觉得容易操作吗？
- 关于位置筛选，您觉得目前的方式合理吗？

搜索结果展示：

- 搜索结果的展示方式符合您的需求吗？
- 您觉得搜索结果的排序方式合理吗？
- 地图展示功能对您有帮助吗？

筛选功能：

- 现有的筛选选项是否满足您的需求？
- 有哪些筛选条件您认为是多余的？
- 有什么筛选功能是您希望添加的？

4. 改进建议

- 如果可以改进 Airbnb 的搜索功能，您最希望改进什么？
- 相比其他订房平台，Airbnb 的搜索功能有什么优势和劣势？

结束语（5 分钟）

- 还有什么想补充的内容吗？
- 感谢参与。
- 解释后续流程。

注意事项

- 访谈过程中注意观察受访者的非语言表现。
- 对重要信息进行即时记录。
- 适时使用追问技巧深入了解用户想法。
- 保持中立态度，不引导受访者回答。
- 注意控制每个环节的时间。

备选追问句式：

- "能具体解释一下这个问题吗？"
- "为什么会这么想？"
- "能举个例子吗？"
- "这种情况多常见？"
- "当时是什么感受？"

（2）数据收集。利用人工智能技术，可以在进行用户访谈时自动录音，并实时将语音内容转录为文本。这不仅提高了访谈记录的准确性和效率，还减轻了后期整理的工作量。在跨国或跨语言用户访谈中，人工智能可以实现实时翻译，确保访谈双方能够顺畅沟通。人工智能还可以作为访谈助手，根据用户提问自动提供相关信息或回答常见问题，提高访谈的效率和互动性。

在数据收集阶段可以使用具备语言识别功能的通用大语言模型（如通义千问），也可以使用用于访谈、会议纪要等的专业 AI 工具。

① arro.co：如图 2-2 所示，arro.co 是一款用于用户访谈的人工智能工具。它就像一个聊天机器人，通过自动化对话，可以实现同时与数千名用户进行访谈。研究人员根据访谈需求设置好访谈问题后，可以通过电子邮件、短信或其他方式将对话链接发送给用户，用户点开链接就可以跟机器人进行对话。在 arro.co 的辅助下，相同时间内可以访谈更多用户，获得更多的用户数据，并对生成的数据进行总结，大大减少信息整合分析的工作量。

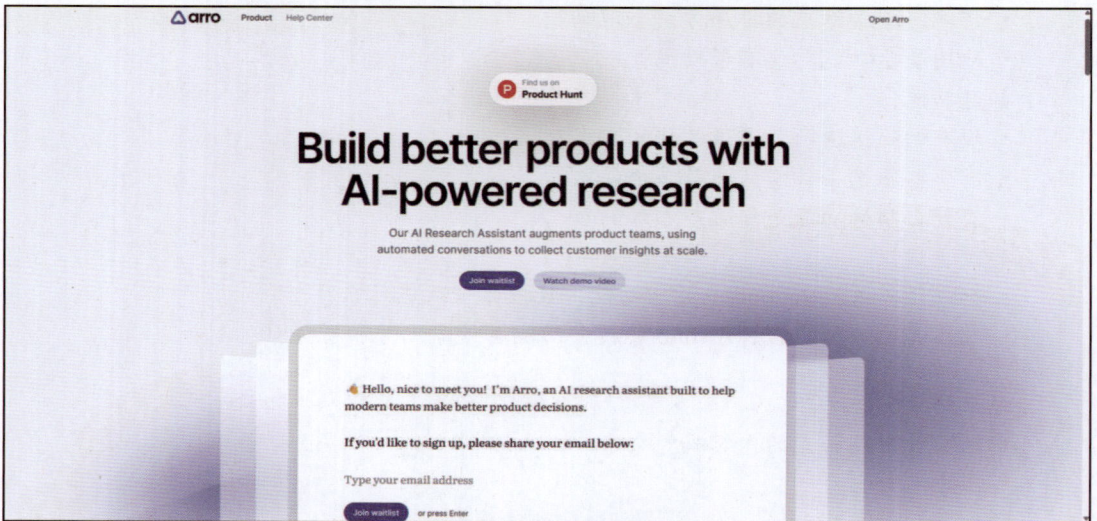

图 2-2　arro.co：一款用于用户访谈的人工智能工具

② Otter.ai：这是一款基于人工智能的实时语音转文字会议记录工具，其核心功能包括实时转录和自定义词汇，以提高转录准确性。

在技术层面，Otter.ai 结合了语言识别和声音识别两大模块。语言识别模块负责将语音内容转换为文本，而声音识别（或说话人识别）模块则用于辨别不同的发言者。其中，人声分离（diarization）技术尤为关键，它能够区分不同的说话者，为每位发言者创建独立的声纹配置文件，从而在后续对话中准确识别同一发言者的语音。如图 2-3 所示，通过其录音和实时语音转文字功能，设计师可以高效地记录访谈内容，减少手动记录耗费的时间和精力，从而提升用户分析的效率。

（3）结果和分析。人工智能技术可以自动识别并提取访谈中的关键词和主题，帮助研究人员快速分类和整理访谈内容。在访谈过程中，人工智能可以作为访谈助手，对已收集的数据进行实时分析，为访谈者提供即时的反馈和建议。

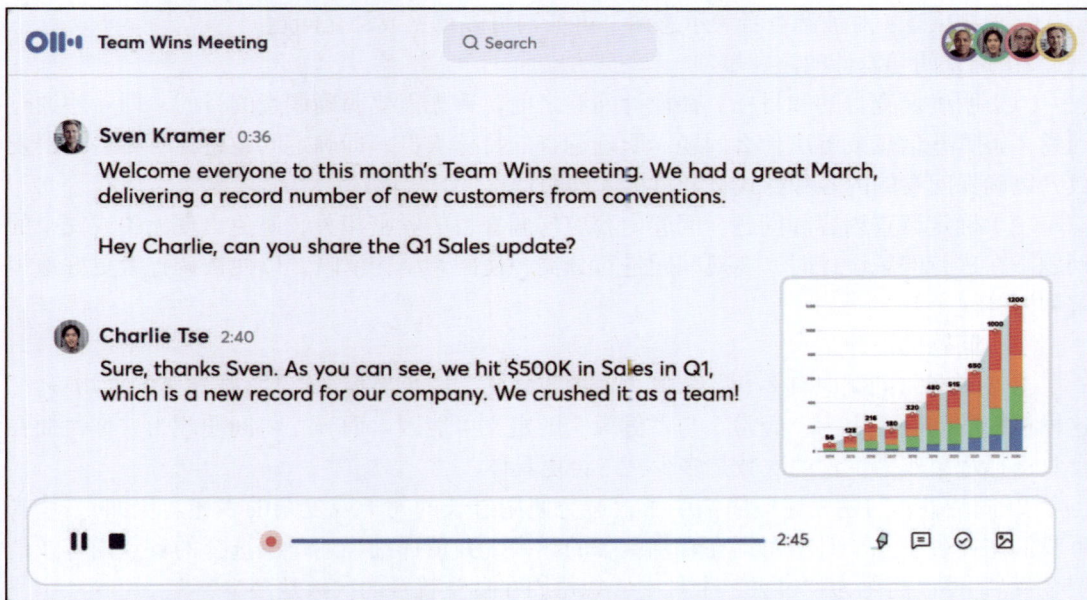

图 2-3　Otter.ai 的会议记录

利用数据挖掘和机器学习算法，人工智能可以从访谈数据中发现用户行为、偏好和需求之间的潜在关联。基于历史访谈数据，人工智能可以预测未来的用户需求和市场趋势，为企业制订战略规划提供数据支持。

2. 问卷调查

问卷调查是常见的用户调研方法，属于定量研究，用于系统收集用户态度、行为和需求等信息。问卷调查通过制定详细周密的问卷，要求被调查者对此进行回答以收集资料。它是社会调查研究中的常用工具，调研人员借助它对社会活动过程进行准确、具体的测定，运用社会学统计方法进行量的描述和分析，获取所需要的调查资料。

在用户研究中，问卷调查有两个目的：一是获取宏观信息，相比观察访谈，其范围广、省时，能收集大量用户的目标、行为、观点及人口统计特征等量化数据；二是挖掘与产品设计相关信息，如用户界面和可用性方面。观察和访谈是初步了解影响产品设计的基本因素框架，需通过问卷调查在更大样本量上明确各因素之间以及因素与用户之间的关系。

1）调查问卷的结构

调查问卷的结构可以分为前言、正文、分类数据、结束语四个部分。

（1）前言（介绍）：包括标题、请求、填写说明。标题简明扼要说明调查主题；请求部分应明确告知调查的目的、意义以及被调查者的重要性；填写说明应指导被调查者如何填写问卷，若非匿名则说明需填写姓名或联系方式。

（2）正文（主体部分）：是调查问卷的核心部分，包括问题和备选答案。问题从易到难、从一般到具体，保持逻辑连贯。问题要中立，不带倾向或诱导，避免询问敏感隐私问题。

（3）分类数据（用户画像分析）：收集被调查者的年龄、性别、收入、职业、教育程度等信息，便于特征分析。

（4）结束语：对被调查者表示感谢，可征询更多意见或补充问题。

2）调查问卷设计的注意事项

（1）明确调查目的和目标。在设计问卷之前，首先需要明确调查的目的，即希望通过问卷了解哪些信息或解决什么问题。明确调查的目标人群，即确定问卷将针对哪些人群发放，以确保问卷的内容和方式符合目标人群的特点。

（2）确定调查内容和问题。问卷内容应与调查目的紧密相关，避免出现无关或冗余的问题。在进行问题设计时，要对问题进行分类，使问卷结构清晰，以便被调查者更好地理解和回答。

（3）问题的设计。

① 明确性：问题应具体、明确，避免模糊或歧义。避免出现"你经常吃健康的食物吗？"这样模糊的问题，因为"经常"与"健康"的定义可能因人而异，将问题改为"你每周在食堂选择蔬菜作为主食的次数是多少？"会更具体。

② 简洁性：问题表述应简洁明了，避免使用过长的句子或复杂的表述。比如，"请告诉我们您在过去三个月中每周在食堂就餐的频率，并请详细描述每次选择的餐点内容及消费金额。"可以简化为"过去三个月中，您每周在食堂就餐的次数是多少？"。

③ 中立性：问题应保持中立，避免带有诱导性或倾向性的表述。避免"你是否认为食堂食物质量差，导致你不愿意再去？"这样的诱导性问题，改为"您如何评价食堂的食物质量？"更加中立。

④ 适当性：问题的内容应适合目标人群的理解能力，避免使用过多的专业术语或深奥词汇，确保所有被调查者都能准确理解问题。如果问卷对象是普通大学生，避免使用诸如"食品加工过程中的超临界二氧化碳萃取技术"这样的专业术语，使用简单的词汇描述"食品加工方式"即可。

（4）问题类型的选择。根据实际调查需求选择合适的问题类型，例如单选题、多选题、开放性问题、量表题、排序题等。合适的问题类型可以有效提高回答的质量和数据的分析价值。

（5）问卷的结构和顺序。问题的顺序设计应具有逻辑性，由易到难、由不敏感到敏感，以减轻被调查者的心理负担，逐步引导其深入问题。

（6）敏感性问题的处理。对于敏感性问题，应采取以下特殊的处理办法。

① 释疑法：对敏感问题进行解释，减少顾虑。对于"您对食堂卫生状况是否感到满意？"可以附加说明"您的回答将保持匿名，仅用于改进服务。"

② 假定法：假定被调查者的回答处于某种状态，以降低心理负担。"许多学生都曾有过对食堂不满意的经历，您是否也有类似的情况？"这样可以减少被调查者因担心评价负面而不愿回答的问题。

③ 转移法：通过询问相关话题逐步引入敏感问题。在询问"您对食堂卫生状况的看法"前，可以先询问"您对食堂环境（如座位、灯光）的满意度如何？"。

④ 间接法：通过间接提问获取所需信息，减轻被调查者的不适感。通过询问"您是否听说过其他学生对食堂卫生有抱怨？"来间接了解受访者对卫生状况的看法。

（7）控制问卷长度和难度。问卷不应设计得过长，以避免被调查者产生疲劳感或放弃回答。问题的难度也应与被调查者的平均水平匹配，避免过于简单或复杂，以使被调查者保持积极性。

（8）预测试和修改。在正式发布问卷之前，进行预测试是非常有必要的。预测试可以邀请一小部分符合目标人群特征的人进行试答，通过预测试结果发现问题并进行修改和优化，以确保问卷的可靠性和有效性。

（9）问卷的排版和美观性。问卷的排版应整洁、美观，选择适当的字体和颜色，确保问卷易于阅读。可以添加品牌标识或相关图片，以提高问卷的专业性和吸引力，增强被调查者的参与意愿。

（10）数据收集和分析的考虑。在设计问卷时，需考虑数据收集和分析的便利性，确保所有问题的回答方式便于数据的整理和分析。例如，封闭式题目方便数据的量化分析，而开放式问题则可以提供更多的定性信息。设置合适的数据收集方式和分发渠道，以确保问卷能够准确送达目标人群并有效收集到所需数据。

3）人工智能在问卷调查中的应用

大语言模型（如 ChatGPT）在前期调研中能够高效地生成产品开发者所需的调研资料。ChatGPT 具备强大的自然语言处理能力，在用户研究阶段，能够辅助撰写调查问卷，并迅速对调查结果进行归纳、概括和提炼，从而为研究者提供简洁而有效的关键信息。

用户体验调查问卷设计 Prompt 模板内容如下。

一、研究背景说明
我需要设计一份针对 [产品 / 服务名称] 的用户体验调查问卷。
- 研究目标：[描述具体的研究目标和期望获得的洞察]。
- 目标受众：[描述目标用户群的特征，如年龄、使用频率等]。
- 样本量目标：[期望收集的有效问卷数量]。
- 预计填写时长：[期望用户完成问卷所需的时间]。

二、问卷结构要求
请设计一份包含以下部分的调查问卷。
1. 问卷说明
- 调查目的。
- 预计填写时间。
- 隐私声明。
- 填答指引。
2. 筛选问题
- 用于筛选目标用户群的关键问题。
- 设置跳转逻辑。
3. 用户基础信息
- 人口统计学信息。
- 使用行为相关信息。
4. 核心调查内容
主题包括：[列出需要调查的具体主题]。

- 主题一。
- 主题二。
······
5. 开放性反馈
- 用户建议。
- 补充意见。
6. 结束语
- 感谢语。
- 后续安排说明（如有）。

三、问题类型要求
请在问卷中使用以下类型的问题。
1. 定量评估
- 李克特量表（1~5 分或 1~7 分）。
- 单选题。
- 多选题。
- 矩阵量表。
2. 定性反馈
- 开放式问题。
- 半开放式问题。
3. 行为相关
- 使用频率。
- 使用场景。
- 功能偏好。

四、特殊要求
请确保满足以下要求。
- 问题措词清晰、客观，避免诱导性表述。
- 选项完整，互斥且穷尽。
- 适当使用问题跳转逻辑。
- 合理控制问卷长度。
- 关键问题设置为必答。
- 提供"其他"选项和补充说明机会。
- [其他特殊要求]。

五、输出格式示例
每个问题请按以下格式输出。
Q1. [问题编号] 问题内容。

问题类型：[单选 / 多选 / 量表等]。

是否必答：[是 / 否]。

选项：

A. 选项 1

B. 选项 2

……

跳转逻辑：[如果选择 A，跳转至 Q4]。

六、参考示例

以下是一个问题设计的示例。

Q1. 您使用 [产品名称] 的频率是？

问题类型：单选题。

是否必答：是。

选项：

A. 每天多次

B. 每天一次

C. 每周 3~6 次

D. 每周 1~2 次

E. 每月几次

F. 更少

跳转逻辑：[如果选择 F，跳转至结束页]。

七、注意事项

1. 遵循问卷设计的基本原则

· 从简单到复杂。

· 从一般到具体。

· 相关话题集中放置。

· 敏感问题放在后部分。

2. 数据分析考虑因素

· 确保问题设计便于后期数据分析。

· 关键变量的测量要准确。

· 预留交叉分析的可能性。

3. 焦点小组

与用户访谈相比，焦点小组（图 2-4）更加注重小组成员之间的互动，通过激发成员的讨论来收集数据。在群体讨论中，一名参与者的观点可能会引发其他成员发表自己的看法，这种观点间的激发和互动有助于产生更多的洞见。与一对一访谈相比，焦点小组的相互作用形式能够激发更多想法，帮助研究人员更深入地了解受访者的真实态度和情感。

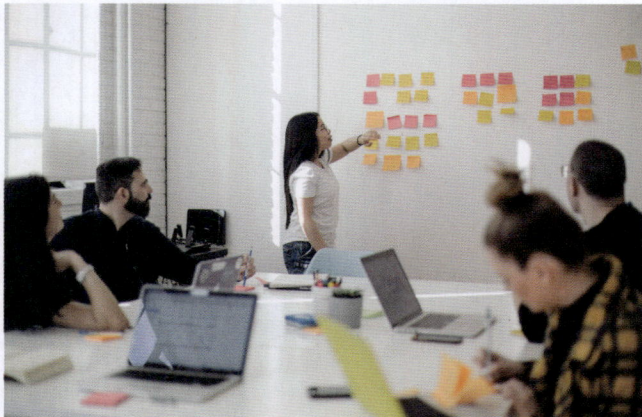

图 2-4　焦点小组

1）组织焦点小组的技巧

在组织焦点小组之前，需明确研究目标与讨论主题，并精心挑选具备相关背景或需求的参与者，保证观点多元且有代表性。讨论时采用开放性问题，数量适当，避免使参与者产生压力；营造舒适放松的环境，为顺畅交流创造条件，并在开场时介绍研究目的和预期成果，尊重并鼓励每位参与者的意见。主持人要善用引导技巧，若话题偏离主线应及时拉回；讨论过程中需记录重要观点和结论，为后续分析提供依据。讨论结束后，将参与者的反馈与研究目标相结合，深入分析并提炼关键洞察，再将讨论成果反馈给相关团队或利益相关者，用于产品改进、服务优化或决策制订，从而最大化体现焦点小组讨论的价值。

2）人工智能在焦点小组中的应用

通义千问是阿里云自主研发的大语言模型，具备卓越的实时记录与协作功能。如图 2-5 所示，研究人员在通过焦点小组讨论时，通义千问能实现多语言实时录音与翻译，记录重要交流内容。录音前，用户可设定发言人数，录音过程中自动识别并标记不同发言人。同时，研究人员还能随时在操作界面插入个人想法、图片或表格。

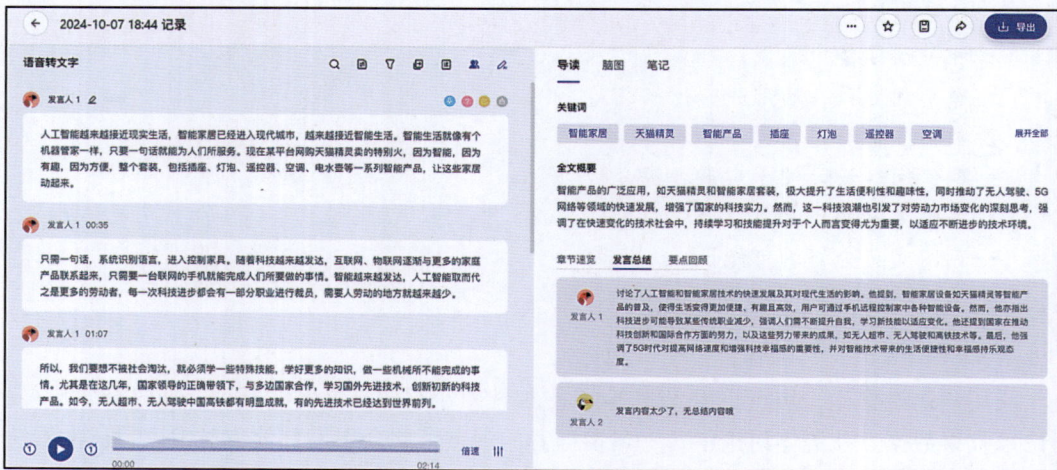

图 2-5　通义千问实时记录

录音完成后，通义千问将自动生成会议概要、提取关键词以供快速浏览，并提供要点回顾和脑图等辅助工具，便于全面梳理讨论成果。此外，通义千问还支持自动上传录音和视频文件，简化人工操作，提高研究的效率与精度。这些功能使其成为研究团队的重要助手，促进优化交流和数据管理流程。

4. 眼动追踪研究

眼动追踪已成为用户体验研究的关键工具，能够深入了解用户与数字界面的交互方式。如图 2-6 所示，借助眼动追踪技术，研究人员可以观察用户的视线位置、注视时长，以及视线的移动路径，为设计决策提供科学依据，显著提高产品的可用性。

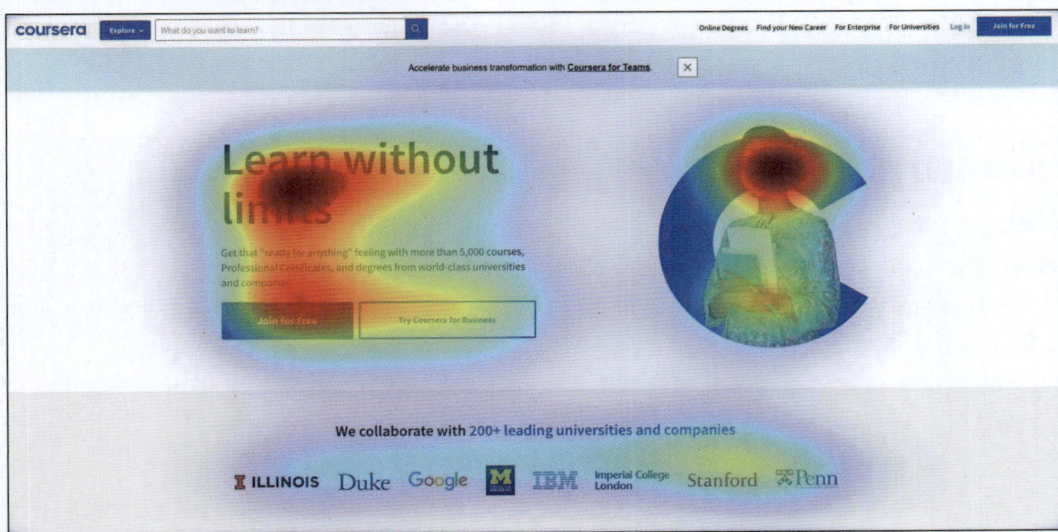

图 2-6　利用眼动追踪的热区图研究用户对设计感兴趣的区域

眼动追踪利用专门设备来监测和记录眼睛的运动，这些设备既可以是独立的硬件，也可以是通过网络摄像头分析视线模式的软件。眼动追踪的核心在于测量两类重要的眼动行为：注视（fixation），即视线停留在特定点上的时间；扫视（saccade），即视线在注视点之间的快速移动。通过分析这些行为，研究人员能够识别屏幕上的感兴趣区域（Areas of Interest，AOI），从而深入理解用户在与网站或应用程序交互时的行为和偏好。

在可用性测试中，眼动追踪数据为传统的可用性测试方法提供了重要补充。相比于用户有意识的反馈，眼动追踪能够捕捉到用户未必能自觉记忆或表达的交互信息，从而提供更细致的用户体验理解。在用户体验研究中，眼动追踪有以下应用。

（1）识别用户参与度：帮助确定哪些界面元素最先吸引用户注意，以及用户与内容的交互效果。

（2）理解扫描模式：通过观察用户的视线模式，确定用户如何扫描内容，为布局决策提供支持。常见的扫描模式包括 F 模式（用户沿着 F 形路径浏览页面）和"千层蛋糕"模式（用户主要关注标题和关键内容）。

（3）评估设计变更：通过 A/B 测试评估设计修改的有效性，从而了解网站或应用程序的哪个版本在用户参与度方面表现得更好。

（4）增强营销策略：利用眼动追踪的洞察，优化网站布局，确保关键信息置于最能吸引用户注意力的位置，从而提升用户体验和转化率。

然而，眼动追踪也面临一些挑战。首先，在数据解释方面，眼动数据的含义通常较为复杂，研究人员需要结合上下文和用户行为进行全面分析，才能得出有意义的结论。其次，眼动追踪的技术要求较高，设备成本较高，且需要对每位参与者进行精细的设置和校准，以确保数据收集的准确性。此外，参与者舒适度也是一大考量，在测试过程中用户需要保持静止，以维持校准精度，但长时间的约束可能影响其自然行为。

总的来说，眼动追踪是用户体验研究的重要手段，它通过对用户注意力和参与模式的实时洞察，帮助设计师和营销人员优化数字界面，创建更有效且用户友好的产品体验。随着技术的不断进步，眼动追踪正变得越来越普及，融入更广泛的用户体验研究方法中，成为提升用户体验的重要工具之一。

思考与练习

1. 假设为糖尿病患者设计一款健康管理 App，需覆盖老年患者（65 岁以上）和年轻患者（25~40 岁）。

（1）从人口统计、心理特征、行为特征三个维度，分别列举两类用户的典型差异（每维度至少 2 项）。

（2）结合痛点的分类（功能性 / 情感信任 / 内容信息），分析年轻患者可能存在的隐性需求。

2. 某电商平台计划优化商品详情页，需研究用户决策路径。

（1）对比用户访谈、焦点小组、眼动追踪三种方法，从数据维度（定性 / 定量）、实施成本、信息深度三方面说明差异。

（2）若资源有限只能选两种方法，请结合基础研究目标，说明选择依据及组合价值。

3. 利用 AI 进行用户访谈可能存在隐私泄露的风险，请给出两条防范措施。

第 3 章

发现与定义

在交互设计流程中，发现与定义阶段是奠定设计方向的基石。通过深入洞察用户需求、明确问题陈述，设计团队能够精准把握用户的痛点与目标，从而为后续的设计与开发提供清晰的指引。这一阶段不仅能够帮助团队明确设计的核心任务，还能够优化资源配置，提升设计的效率与准确性。

本章内容包含从用户研究中提取角色与场景，绘制用户旅行地图，以及分析竞品的系统方法。这些工具与方法的结合，使设计团队能够从多维度了解用户的使用情境，并逐步精炼问题陈述，形成具备清晰逻辑和实践价值的设计方向。通过本章的学习，读者将掌握发现与定义阶段的核心思路与工具，为用户体验设计奠定扎实的基础。

3.1 角色

角色（Persona）是基于研究创建的虚拟人物，代表不同类型的用户。创建角色有助于了解用户的需求、体验、行为和目标，为目标用户群打造良好用户体验。角色并非真实用户，而是集合用户共同特征的模型。建立角色是用户中心设计的重要环节，能梳理归纳前期用户研究成果，细分用户群体并洞察其痛点和需求。角色用于产品构思阶段，在头脑风暴等构思会议中作为依托和指南。

3.1.1　角色的属性

通常我们可以用角色画像的方法对角色进行归纳和分析（图 3-1）。角色画像包含角色的人类学信息、目标、需求和痛点。设计角色卡片之前需要通过用户研究了解以下信息。

（1）我是谁？——角色的人口统计数据。

（2）我是做什么的？——角色的身份和职业。

（3）我的日常行动是什么？——角色日常与产品相关的行为。

（4）我需要做什么？——人物角色需要完成的任务。

（5）为什么我需要这样做？——角色行为背后的动机。

（6）我如何随时了解情况？——日常工作的信息来源。

（7）我极其看重什么？——当前产品运行良好的方面。

（8）我有什么疑问？——当前产品中无法正常工作的地方。

（9）今天我该如何解决某个问题呢？——克服当前困难的策略。

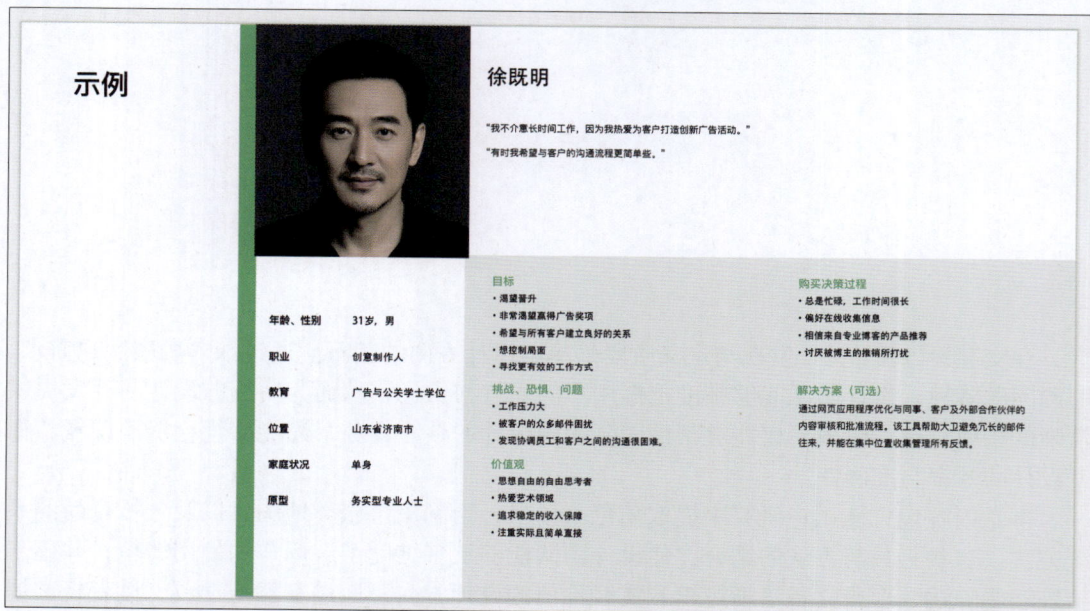

图 3-1　角色模板示例

3.1.2　角色的创建步骤

（1）定义你的目标受众：了解谁将使用你的界面。考虑人口统计数据，如年龄、性别、地点、职业、教育水平等。同时，分析他们的行为模式、目标和动机。

（2）进行研究：通过调查、访谈、分析和市场研究收集数据，更好地了解你的目标受众。寻找用户之间的共性、痛点和偏好。

（3）识别模式：分析收集到的数据，找出常见的模式和行为。寻找目标受众中反复出现的主题、目标、挑战和偏好，通常可以使用聚类分析的方法。

（4）创建角色资料：根据研究结果，创建角色的资料，代表不同的目标受众。给每个角色设定好名字、年龄、背景、目标、偏好和挑战等。

（5）添加细节：深入了解每个角色的特征，包括他们的工作角色、技术熟练程度、首选设备、浏览习惯以及影响他们与我们的界面交互的任何其他相关细节。

（6）优先考虑用户角色：根据用户角色的相关性和对界面设计的影响来优先考虑用户角色。一些角色可能是主要用户，而其他角色可能是次要用户。

（7）视觉化表现：通过角色卡片的形式（图 3-1）将角色视觉化，便于沟通。

（8）共享和验证：与我们的团队、利益相关者甚至实际用户共享角色配置文件，以收集反馈并验证其准确性。根据收到的反馈进行必要的调整。

（9）保持更新：随着项目的进展或目标受众的变化，重新审视和更新我们的角色，以确保他们的准确性。

（10）融入设计过程：在整个设计过程中使用角色作为参考点。考虑每个角色将如何与我们的界面交互，并定制设计以满足他们的特定需求和偏好。

3.1.3　AI 辅助的角色设计

UXPRESSIA 是一款人工智能辅助生成用户角色的软件。如图 3-2 所示，它通过 AI 和自动化工具，能够快速生成用户角色，可用于用户体验设计、市场调研和产品开发过程中的用户建模。

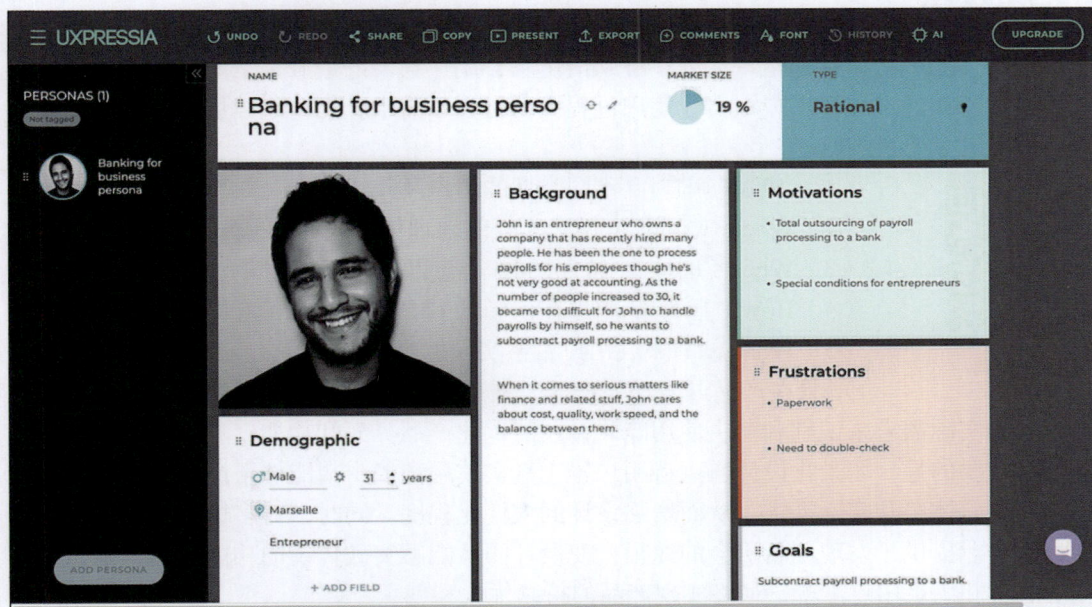

图 3-2　UXPRESSIA 界面

1. AI 驱动的用户角色生成

UXPRESSIA 有两种生成用户角色的方式。第一种为自动生成用户角色，用户可以通过调整角色的属性，如年龄、职业、兴趣、动机等，生成符合产品目标用户的角色。AI 会根据这些信息自动补充角色的特定细节，形成更全面的用户画像。

第二种为基于数据生成用户角色。用户可以导入从市场调研、用户调查或其他数据源收集到的信息，然后通过 AI 分析生成用户角色。这样可以确保角色基于实际数据，反映真实的用户群体。

2. AI 在角色创建中的优势

通过数字化方法构建人物角色，不仅能够显著提升用户代表性与角色设计的客观性，也可以在成本、可扩展性和动态更新方面展现出极大优势。首先，相比传统的手工开发模式需要依赖设计者的个人经验或偏好，数字化方法基于大规模真实样本进行统计分析，使角色构建过程中的鲁棒性与可信度更高。其次，由于数据收集、分析和角色卡片设计等环节均实现自动化，整体成本大幅降低，减少了手动处理和人力投入。再次，数字化角色创建还能持续追踪用户行为的动态变化，快速更新角色信息，从而更好地适应市场与用户环境的演变。最后，智能化数据获取与自动化处理手段还大幅增强了信息的扩展潜力，即使是大型数据集或复杂的应用场景，也能从容应对。这些特性使得数字人物角色的方法在多行业领域中逐渐取代传统模式，成为更灵活、更高效且易于维护的解决方案。

3.2 场景

用户体验中的场景是指特定的环境和情境下，用户与产品或服务之间的交互过程。场景化设计旨在通过理解用户在实际使用过程中的行为和需求，提升整体用户体验。场景通常由以下五个要素构成。

（1）Who（用户）：不同类型的用户及其特征。

（2）Where（空间）：用户所处的地理位置或环境。

（3）When（时间）：特定的时间点或时间段。

（4）How（行为）：用户在该场景下的具体操作和流程。

（5）What（目的）：用户希望实现的目标或需求。

教学视频

场景在产品开发中发挥了关键作用。它不仅能够通过分析用户在不同环境下的实际需求来识别和解决使用障碍，还能优化产品界面和功能，从而提升用户满意度。更重要的是，场景化设计通过将用户置于真实使用环境中，能够帮助设计师深入理解用户的情感体验和实际需求，从而增强设计的人性化程度。同时，对多样化场景的深入分析也为企业提供了发现创新机会的途径，使设计团队能够突破传统的功能导向思维，更全面地思考和满足用户需求，最终实现产品的持续优化和创新。

在实际应用中，场景化设计可以通过以下步骤实现。

（1）列举和分析场景要素：识别主要用户、使用环境、时间因素等。

（2）构建具体场景：结合上述要素，形成完整的使用场景描述。

（3）预判用户需求：根据构建的场景，预测用户行为并识别潜在需求，以便进行有针对性的设计改进。

例如：

> 　　小王今年 28 岁，是一家互联网公司的产品经理（Who）。此刻已是晚上 8 点多（When），他仍然坐在位于城市 CBD 写字楼 5 楼的办公工位上（Where），因为忙于加班还没吃晚饭，肚子早已饿得咕咕叫。为了能继续赶项目进度，他急需快速解决晚餐（What），于是拿出手机打开外卖应用，迅速浏览附近餐厅和优惠信息，选择评价良好且预计能准时送达的餐厅（How）。在完成下单后，小王一边等待外卖，一边继续在电脑前处理工作，期待着外卖能如期而至，让他以最快的速度补充体力并迅速回到工作状态。

根据此场景，寻找可能引发的需求与改进方向。

（1）快速入口：在首页为加班用户提供"快速下单"入口，主打即时配送和热门菜品。

（2）推荐优化：根据小王过往点餐记录和口味偏好，智能推荐最短配送时间的优惠套餐。

（3）配送实时追踪：提供精准的骑手位置与时间预估，缓解用户等待焦虑。

（4）评价与反馈通道：突出用户对超时、菜品质量问题的反馈机制。

3.3　用户旅行地图

　　用户旅行地图（User Journey Map）是一种可视化工具（图 3-3），旨在帮助企业或组织理解用户在使用其产品或服务过程中的体验和感受。用户旅行地图可记录用户使用产品或服务的完整过程，涵盖了他们的目标、行动、情感、痛点和需求等多方面。

教学视频

　　用户旅行地图以可视化的形式记录和呈现用户对产品的使用体验，能够捕获客户与产品的接触点、他们感受到的情绪以及采取的行动，可以帮助用户研究人员了解用户的观点并识别他们在产品使用中的痛点，还可以帮助体验设计师定位产品或服务中需要改进的地方并优化客户体验。

　　在制作用户旅行地图之前，首先，需要设定明确的目标。不同的目标会对应不同的研究内容，也对应不同的地图类型。其次，要确定要分析的目标用户。通常来说，一幅地图只能分析一个角色的旅行。确定的目标用户，也有助于设计团队聚焦研究目标，减少资源浪费。

3.3.1　用户旅行地图的类型

　　根据研究目标，决定旅行地图的类型。

（1）当前状态：用于可视化客户在与产品互动时的实际行动、行为和情感。

（2）日常生活：这些旅行地图详细说明了用户在一天中的行为活动。

（3）未来状态：用于预测用户在与产品互动时可能采取的行动、行为和情绪。

　　确定好旅行地图的类型之后，就可以安排后续的工作。如果是当前状态和日常生活的类型，就需要进行用户研究，通过观察、访谈等方法，记录用户的行为和对某个产品或服务的感受，为下一步的旅行地图可视化设计做好准备。

　　如果是未来状态的旅行地图，就需要进行焦点小组的研究，由设计团队或产品团队（有些情况下也可以邀请用户参加）进行内部研讨，通过头脑风暴的方式，对用户未来的行动或体验进行预测。

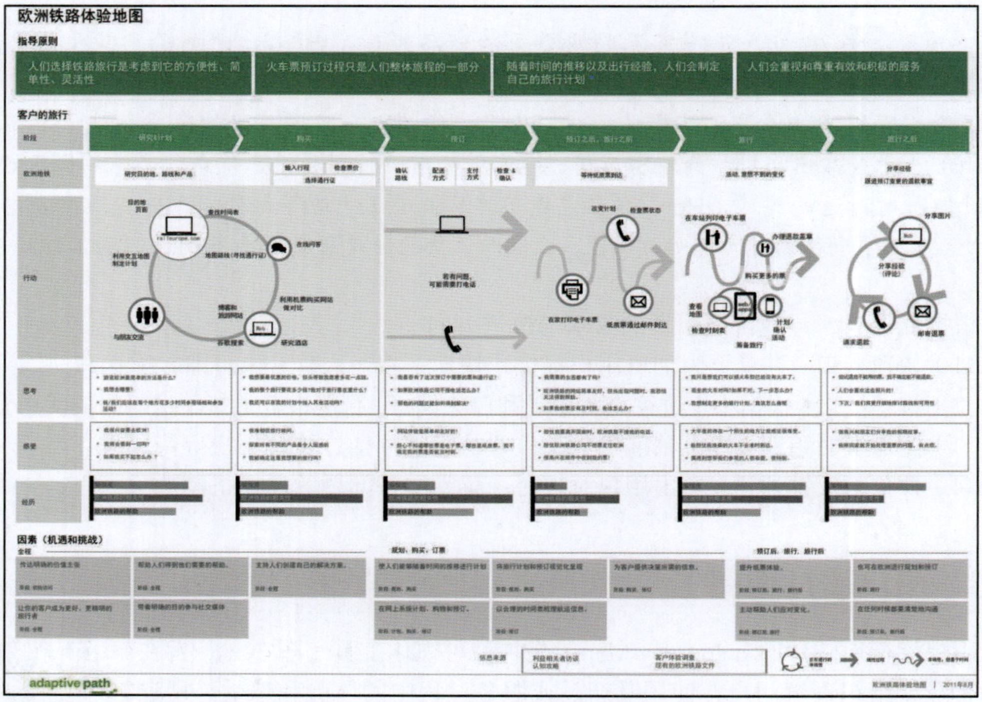

图 3-3　用户旅行地图示例

3.3.2　用户旅行地图的设计

1. 定义旅行阶段

确定用户从接触产品到达成目标所经历的主要阶段。这些阶段通常包括认知、考虑、购买、使用、售后等。每个阶段代表用户旅行中的一个关键时刻。

（1）认知阶段：用户开始知晓某个产品或服务的存在，但对其了解并不深入，处于初步接触信息的时期。

（2）考虑阶段：用户对产品或服务产生了兴趣，并开始主动收集相关信息，进行比较和评估，思考其是否能满足自己的需求。

（3）购买阶段：用户在经过考虑后，决定购买产品或服务，完成交易。

（4）使用阶段：用户开始实际使用产品或服务，体验其各项功能和特性，感受其是否能够满足预期。

（5）售后阶段：用户在使用产品或服务一段时间后，可能会遇到一些问题，或者需要一些售后支持，如维修、保养、退换货等，这一阶段的体验也会影响用户对产品或服务的整体评价。

2. 识别用户的行为和感受

在每个阶段中，描绘用户采取的具体行为、使用的渠道（如网站、App、客服等）以及他们的情感状态（如困惑、满意、焦虑等）。了解用户在每个阶段的需求、期望和潜在的痛点。通常可以使用情绪曲线的形式，将用户的感受可视化，以便清晰了解产品体验的优势点和缺陷点。

3. 确定接触点和痛点

列出用户在每个旅行阶段中的接触点，这有可能是 App，也有可能是客服电话、电子邮件、电视广告、社交媒体等。同时，标出用户在每个阶段可能遇到的痛点或阻碍，帮助我们识别改进的机会。

4. 可视化旅行地图

通过图形化的方式呈现旅行地图。用户旅行地图通常包括用户所处的阶段、行为、情感、接触点、痛点及改进建议。通常，我们需要绘制一条情感曲线，将用户在使用过程中的情绪可视化，方便团队对用户的体验过程进行分析和评估。比如，情感曲线中的低谷代表用户此时遇到了一些麻烦或困难，是需要解决的痛点。而情感曲线中的高峰则代表用户此时拥有较好的体验，可以总结并发扬。

5. 用户旅行地图的分析

设计用户体验地图只是第一步，分析和评估才是最重要的环节。我们需要通过旅行地图思考以下问题：用户与多少个接触点产生了交互？用户在哪个阶段选择离开？有多少人访问了网站却未转化为用户？这些问题凸显出用户的需求是否得到了满足。站在用户角度思考，能够改善业务状况，并推动形成针对用户问题切实可行的解决方案。

3.3.3　智能化用户旅行地图设计工具

Smaply 是一款能够结合人工智能辅助生成用户旅行地图的软件。如图 3-4 所示，它是专门针对用户体验设计和服务设计而精心打造的工具，借助 AI 及自动化功能，助力团队创建、优化并将用户旅行地图进行可视化呈现，以此来帮助团队理解并提升用户体验。

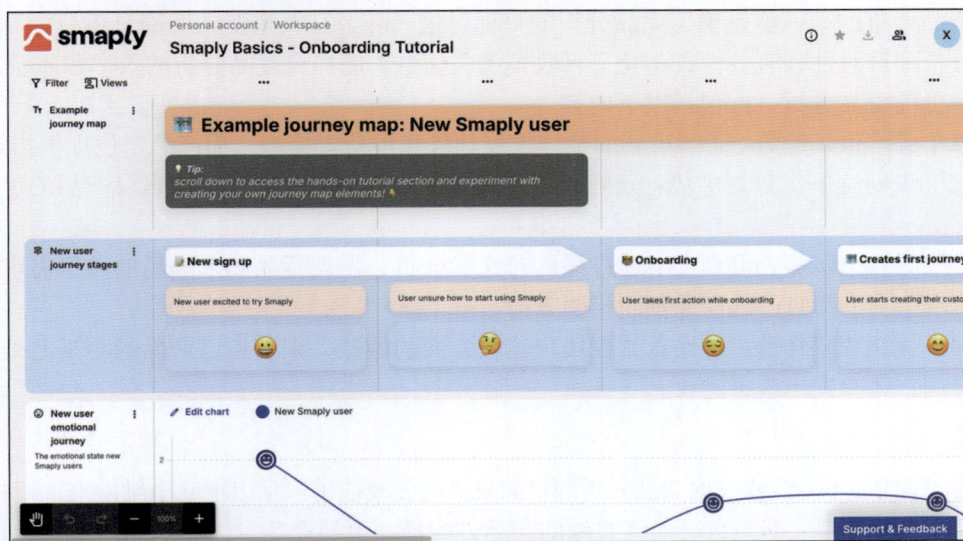

图 3-4　Smaply 界面

Smaply 可以根据输入的用户角色、场景或业务类型，自动生成用户旅行地图的初步结构。这些地图包括不同的阶段、用户接触点、情绪变化等，帮助快速构建用户体验的完整流程。Smaply 还允许导入来自用户调研、访谈或其他数据源的信息，AI 会自动分析这些信息并生成相关的用户旅行地图，确保地图的设计基于真实用户数据。

3.4　竞品分析

教学视频

竞品分析是产品研发过程的重要组成部分。通过调查直接 / 间接竞争对手的相关设计解决方案，可能会促使我们重新考虑产品的功能，并为了使用户有更好的体验而改进产品。

3.4.1　竞品分析的作用

竞品分析的首要价值在于为企业提供市场趋势的客观认知。通过对竞争对手的产品特征、目标用户群体、定价策略的全面审视，企业能够准确把握市场动态，识别潜在的发展机会。这一分析过程不仅能揭示行业发展脉络，更能为企业的战略决策提供坚实的数据支撑。

在产品设计层面，竞品分析具有关键的指导意义。设计团队可以通过对标竞品，系统性地评估现有产品的优势与劣势，发现市场中尚未被充分满足的用户需求。这种方法能够激发创新思维，帮助企业在产品设计中实现差异化定位，构建独特的竞争优势。需要强调的是，竞品分析并非简单地模仿对手，而是在深入理解的基础上实现差异化创新。优秀的企业往往能够通过系统性的竞品分析，识别行业发展的潜在机遇，主动塑造市场格局。

3.4.2　竞品分析的步骤

1. 明确目标

竞品分析的第一步是确定竞品分析的目标，这一环节至关重要。明确分析目标有助于提高分析的针对性和有效性，避免盲目收集无关信息，能提升竞品分析的效率和质量。

常见的竞品分析目标包括以下内容。

（1）了解市场趋势：了解市场的整体发展趋势和消费者偏好，为产品定位提供指导。

（2）识别竞争优势与劣势：分析竞品的核心竞争力和不足之处，为自身产品的优化提供借鉴。

（3）寻找市场空白和机会：通过深入对比和分析，发现竞品尚未满足的用户需求或存在的市场空白，为自己的产品创新指明方向。

（4）优化用户体验：对比竞品在用户体验方面的做法，识别自己产品的不足之处，并为提升用户体验提出改进建议。

2. 选择竞品

对于竞品的选择，要根据竞品分析的目的来进行。我们可以从以下几个维度来选择竞品。

（1）直接竞品：即与自己即将要做的产品方向最相关的竞品，也叫对标产品，例如"美团外卖"和"饿了么"。

（2）间接竞品：即与自己产品方向看似不相同或不完全一致的产品，例如"王者荣耀"和"抖音"，尽管产品属性不同，但产品同样都在争取用户的休闲时间，因此属于间接竞品。

（3）头部竞品：即在行业内做得比较领先，所占市场份额较多的产品，例如"腾讯会议"在中国的在线会议领域处于第一的位置。

（4）关键人推荐：即可以决定产品方向的人给出的推荐产品，例如公司的老板或产品负责人推荐的竞品。

3. 收集资料

收集资料有以下几种方法。

望：看行业报告、媒体、文章、官网，获取近几年行业信息，像行业的大数据、术语、趋势、行情等，可以帮助我们从宏观上了解行业动态，获取行业内的最新资讯和关键数据，为决策找依据。

闻：听分享会，参加研讨会等。这种方法能够让我们直接接触行业内的专家和实践者，通过他们的分享和讨论，我们可以了解到行业内的实际案例和经验教训。这不仅能够拓宽我们的视野，还能够增进与行业内其他人士的交流和合作。

问：询问对市场敏感的销售人员、供应商、客服等一线人员，他们的反馈能帮助我们精准把握市场需求、客户偏好，发现潜在问题与机会，给产品、服务改进作参考。

切：亲自体验。通过亲身体验产品和服务，我们可以从消费者的角度出发，更直观地了解产品的实际效果和用户体验。这种方法可以帮助我们发现产品的优势和不足，从而有针对性地进行改进和优化。同时，亲自体验也是建立客户信任和品牌忠诚度的重要途径。

4. 记录和整理

整理信息时，可用分类法，依据既定分析维度，如战略层、范围层，或是按产品模块，例如企业资源规划系统里的财务、人力管理模块来归类。在整理中，要建立关联与对比，分析不同功能间的交互状况，像项目管理工具里任务分配与进度跟踪的关联；用表格等形式对比不同竞品的同类信息，凸显差异与共性。

记录和整理可以使用多种工具。其中，Microsoft Word 或 WPS 文字适合详细记录和排版，插入图片、表格等丰富内容；Microsoft Excel 等对于整理大量数据和对比分析很有效，能利用排序、筛选功能查看信息。表 3-1 所示为竞品分析记录表。

表 3-1　竞品分析记录表

类　　别		汉　堡　旺	竞品 1	竞品 2
一般信息	竞争对手类型	—	直接	
	地点	江南市黄浦区	……	
	产品供应	25 种汉堡	……	
	价格	—	……	
	网站	—	……	
	企业规模	小型	……	
	目标受众	千禧一代	……	
	独特价值	25 种汉堡	……	

续表

	类　别		汉　堡　旺	竞品 1	竞品 2
UX（评分：需要改进，尚可，良好或优秀）	第一印象	桌面网站体验	良好 + 视觉吸引力 ……	……	
		移动网站体验	良好 + 完全响应 − 移动设备上的交互不那么顺畅 ……	……	
	网站互动	特征	优秀 + 在线订购功能 ……	……	
		可访问性	优秀 + 网站支持两种语言 + 菜单简洁清晰 ……	……	
		用户流程	优秀 + 易于查找关键信息 − 没有清晰的层次结构 ……	……	
		导航	优秀 + 易于导航 ……	……	
	网站视觉设计	品牌标识	优秀 + 清晰的配色方案、字体和艺术方向 ……	……	
	网站内容	语气	严肃而直接 + 在某些地方很友好 ……	……	
		描述性	优秀 + 所有关键信息都存在 ……	……	

5. 分析

1）战略定位和用户概况分析

清晰对比各竞品的战略方向和目标用户群体，帮助分析者了解竞品的核心定位及市场布局，从而为自身产品的战略规划提供参考。

2）聚焦的主题和功能分析

深入了解竞品在特定主题和功能范围内的具体表现，明确各竞品的功能优势与不足，以便为自身产品的功能优化和差异化竞争提供依据。

分析中，可以将重点功能列在表格中进行对照。如表 3-2 所示，第 1 列为不同竞品，其后则是需要分析的具体功能。针对每个功能，详细描述各竞品的实现方式、功能特点、操作流程等。通过这样的对比，可以直观地看出各竞品在功能上的差异，进而发现自身产品可改进和创新的方向。

表 3-2　竞品分析表格示例

竞品名称	功能 1	功能 2	功能 3	功能 4	功能 5	功能 6	功能 7	……
竞品 1		✓	✓					
竞品 2					✓	✓		
竞品 3							✓	
竞品 4			✓				✓	
……								

3）重点功能、任务的交互逻辑关系分析

直观展示竞品在处理复杂任务或页面跳转时的逻辑关系，帮助分析者理解其信息架构和用户操作流程，发现其中的优点和潜在问题，为优化自身产品的结构和交互设计提供参考。

绘制流程图时，以用户操作或任务流程为线索，将各个页面或操作步骤用图形和箭头表示出来，并注明相应的判断条件和跳转方向。如图 3-5 所示，在电商购物流程的竞品分析中，流程图会展示用户从登录 / 注册、搜索商品、浏览商品、加入购物车（收藏）到支付成功等一系列操作的页面跳转逻辑。竞品 A 可能在加入购物车后直接提示用户去结算，也可能让用户继续购物；而竞品 B 则会在加入购物车后先让用户选择商品规格、确认数量等，再进入结算页面。通过这样的流程图对比，可以清晰地看出不同竞品在购物流程设计上的差异，以及对用户体验的影响。

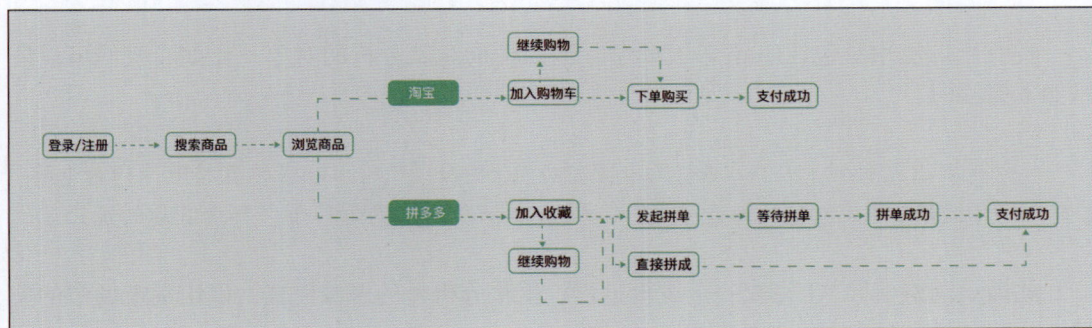

图 3-5　页面交互逻辑关系分析

4）重点页面的结构和内容差异分析

从框架层深入剖析竞品的页面设计，了解其信息组织和呈现方式，为自身产品的页面布局和内容优化提供借鉴，提高产品的易用性和用户体验。如图 3-6 所示，分析时先对竞品的页面进行分解，观察其页面元素的分类、布局、层次关系等，通过对这些页面结构和内容差异的分析，可以根据自身产品定位和目标用户需求，选择更合适的页面设计方案。

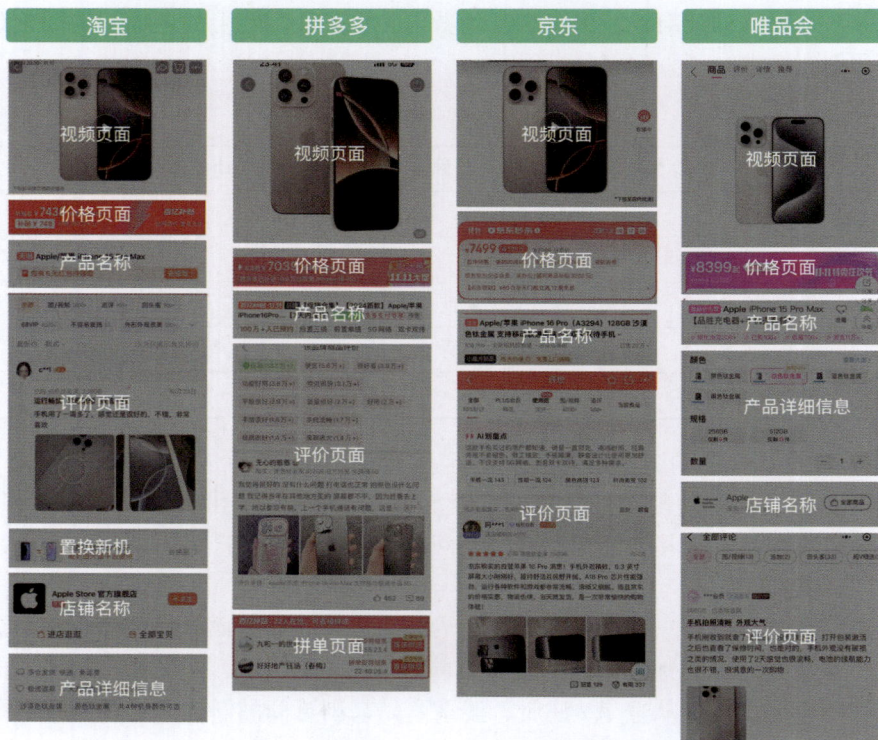

图 3-6　页面中的信息架构

3.4.3　人工智能在竞品分析中的应用

1. 选择竞品

我们可以使用豆包、Kimi 等大模型，辅助生成竞品分析的对象。比如，我们可以使用如下提示词。

> 分析国内外针对 [用户人群] 的 [特定功能] 的应用。列出潜在的直接地专门为 [用户人群] 提供 [特定功能] 的竞争对手。然后，识别间接竞争对手。解释背后的原因。

此提示词将引导 AI 完成一个逻辑过程，反映分析师的思维模式，以识别市场中的关键产品并了解它们的定位和策略。

2. 获取数据

通常我们需要从产品的功能说明、财报、新闻等渠道获取竞品的详细信息，借助人工智能的概括以及联网搜索能力，我们可以迅速对该产品有一个大致的了解。你可以尝试使用如下提示词来了解竞品。

> 收集有关 [竞品名称] 的产品范围和市场占有率的最新信息、最近的营销活动和用户人口统计数据。请提供每一个方面的摘要。

这段提示词指导 AI 专注于四个方面。

（1）产品范围：通过了解竞争对手提供的产品，可以深入了解其市场定位和专业领域，并且能够找出与自身产品相比的差距或优势。

（2）市场占有率：知道竞争对手的市场占有率能衡量其影响力和覆盖范围，有助于理解竞争格局和市场动态。

（3）最近的营销活动：分析竞争对手最近的营销活动可以揭示其吸引受众的策略，为了解其营销策略、目标人群和品牌信息传递提供有价值的见解。

（4）用户人口统计：了解竞争对手的目标用户，有助于确定他们关注的细分市场以及满足用户需求的有效性，还能突出他们可能忽略的潜在领域，为自身提供机会。

注意，要获得较好的效果，请打开大模型的联网搜索功能，从而获取比较新的信息。

3. 分析

在 AI 分析中应用"迭代优化"技术可以对竞争对手的业务战略进行深入而细致的理解。这种方法从广泛的分析开始，然后逐步细化查询。

> 分析 [竞品名称] 的整体业务战略。根据我们的发现，什么会成为他们在产品开发和营销方法方面的主要关注点？

从这种初步的广泛分析中，AI 可能会识别关键领域，例如，竞品对产品开发创新或数字优先营销策略的重视。调查结果可能表明，他们非常注重利用技术来增强产品或通过在线渠道进行营销。

> 分析 [竞品名称] 在产品开发方面的创新。这与他们的数字营销策略如何契合？他们最有效地利用了哪些渠道，以及他们如何通过这些渠道与目标受众互动？

这种改进的方法允许对特定元素进行重点分析。AI 可以深入了解竞品如何将产品开发与数字营销相结合，确定使用的平台和采用的参与策略来接触目标受众并与之互动。

通过迭代优化，我们可以剖析竞品战略的各个层次，获得超越表面分析的全面视图。这种技术使我们能够形成深刻的见解，在产品设计和市场竞争中获得优势。

4. 评估优势和劣势

"苏格拉底提问"（Socratic Questioning）技术是一种彻底分析和评估竞争对手的优势和劣势的强大方法。这种方法涉及指导 AI 完成一系列深层次的探索，鼓励其进行更深入和反思性的检查。

> 在产品创新方面，[竞争对手名称] 的关键优势是什么？从近期的客户评价中可以发现他们在客户服务方式上存在哪些不足之处？

AI 将首先专注于识别该竞品在产品创新方面的优点。这可能涉及对他们的研发工作、产品发布历史、专利申请或行业奖项的分析。目的是确定有助于他们在创新中取得成功的要素。

其次，问题转移到了解他们在客户服务方面的弱点。对于这一部分，AI 将深入研究最近的客户评论和反馈，寻找表明缺陷领域的模式或反复出现的主题。这可能包括响应时间、支持质量、解决效果或总体客户满意度等问题。

通过苏格拉底提问，人工智能可以分析竞争对手擅长的领域和可能存在不足的领域。这种方法促进了对该竞品的全面理解，使研究者能够通过利用竞争对手的弱点或学习他们的优点来优化自己的设计和运营。

5. 需注意的问题

尽管人工智能可以显著提升竞品分析的效率，但是在使用它进行研究时，要注意如下几点。

（1）数据交叉验证：虽然 AI 工具可以处理大量数据，但明智的做法是与其他来源交叉验证这些数据。当前，AI 的回答中可能会存在一些错误，需要对比验证。

（2）将 AI 与人类判断相结合：AI 应该被用作辅助人类决策的工具，而不是替人类决策。AI 在竞品分析中提供的见解应与人类判断和专业知识相结合，以做出更细致和更符合上下文的决策。

（3）定期更新和审计：应定期更新提示词和大模型，以确保它们保持相关性和准确性。对 AI 工具及其输出的定期审查可以帮助识别和纠正任何偏见或不准确之处。

（4）负责任地使用 AI：通过遵守道德准则和最佳实践，负责任地使用 AI 工具。这包括尊重竞争对手的知识产权和隐私，以及避免欺骗或不公平的竞争行为。

3.5　问题陈述

教学视频

问题陈述可以被定义为一个简明扼要的表述，旨在清晰地描述用户在特定情境中面临的挑战或需求。它不仅仅是对问题的简单描述，更是对设计机会的深入洞察和框定。问题陈述在用户体验设计中扮演着至关重要的角色，它是整个设计过程的基石和指导方针。

问题陈述可采用如下模板。

（1）需求洞察式。

"[目标用户] 需要一种方式来 [用户需求或任务]，因为 [背后的洞察或障碍]。"

例如："忙碌的上班族需要一种更轻松快捷的方式来购买每日所需的生鲜食材，因为他们在下班后往往疲惫不堪且不愿为购物花费太多时间。"

（2）问题重塑式。

"我们观察到 [特定用户群] 在 [使用情境] 下需要 [核心需求]，因为 [深层原因或洞察]。"

例如："我们观察到单亲妈妈在准备晚餐时需要省时省力的食材获取方式，因为她们既要照顾孩子又要应对工作压力，导致她们在下班后无暇前往超市挑选商品和排队。"

（3）"How Might We"（HMW）问题引导式。

> "我们如何才能为 [用户群体] 提供 [功能 / 价值]，从而帮助他们 [达到某种目标或满足某种需求]？"

例如："我们如何为习惯下班后网购的上班族提供更快速、可靠的生鲜配送体验，从而减少他们准备晚餐的时间和压力？"

在实践中，问题陈述的制订通常是一个迭代的过程。它始于初步的假设，然后通过用户研究、数据分析和利益相关者的反馈不断精炼。在定义问题阶段，设计师应该保持开放的心态，准备随时根据新的洞察调整问题陈述。

值得注意的是，问题陈述不应该包含解决方案。它的目的是描述问题，而不是预设答案。这种做法可以防止设计团队过早地锁定特定解决方案，保持思维的开放性和创新性。

思考与练习

1. 某团队需为视障用户设计智能语音导览 App，请结合角色的创建步骤，列举"视障博物馆参观者"角色至少 3 个特殊的行为特征。

2. 针对外卖骑手在暴雨天的配送场景（Who—骑手 /Where—商业区 /When—橙色暴雨预警 /How—电动车配送 /What—准时送达），完成下列题目。

（1）绘制该场景下用户旅行地图应包含的 3 个特殊触点。

（2）结合情绪曲线设计，说明暴雨场景可能出现的 2 个情绪低谷的应对方案。

3. 某健康科技公司研发老年人智能手环，已通过大语言模型生成竞品列表。请使用"HMW 模板"将"误报率高"的痛点转化为问题陈述，需包含传感器的数据维度。

第 4 章

概 念 设 计

　　完成发现和定义两个阶段的工作之后，交互设计流程就进入设计阶段。在发现阶段中，我们通过用户研究和市场调研，了解了用户的基本情况和产品的市场环境。在调研过程中，访谈、观察、分析等各种研究工作，都不断加深我们对用户的共情。这些研究的基础允许我们在定义阶段，进一步归纳和提炼用户的需求和痛点。通过角色画像、用户旅行地图等可视化工具，我们得以对用户调研的数据和信息进行深度的分析，从而可以得出明确的问题陈述，为接下来的设计流程确定明确的目标和方向。在概念设计过程中，我们需要开展构思，针对问题陈述进行发散性思维，获取尽可能多的解决方案。然后再通过研讨会、原型测试等收敛想法，从众多的方案中选择最佳的设计方案。

　　本章从构思方法入手，结合信息架构、用户流程图、线框图等常用设计工具，为设计师提供完整的指导。同时，针对智能技术的应用，将探讨如何利用人工智能优化原型设计流程，提升设计效率。通过本章的学习，读者将能够掌握从创意生成到原型制作的关键环节，为完成交互设计项目奠定坚实的基础。

4.1　构思

　　在用户体验设计中，构思（Ideation）是一个复杂而系统的创造性过程，它将问题洞察转化为可能的解决方案。这个阶段不仅需要设计师有一定的创造力，还需要建立在深入理解用户需求和问题定义的基础之上。构思的

教学视频

过程遵循设计思维（Design Thinking）中的发散 - 收敛模式。发散思维阶段鼓励产生大量的、多样化的创意，不受现实条件的限制；而收敛思维则致力于筛选和优化这些创意，使其与实际约束条件相适应。这种双向思维模式能够在保持创新性的同时确保解决方案具有可行性。

　　构思之前，需要团队准备好项目的问题陈述，确保会议有一个明确、简洁的问题作为焦点。该问题应具体且可操作，避免过于宽泛。例如，可以将"如何设计一个创新的语音用户界面？"细化为"我们可以通过什么样的动画设计，清晰传达语音识别状态？"，这样的问题更具针对性，有助于产生相关的想法。

4.1.1　头脑风暴

　　开展一场有效的头脑风暴会议可以帮助团队产生创新的想法和解决方案。以下是组织头脑风暴的步骤和技巧。

　　（1）确定参会者。理想的团队组合应包括专家与非专家，以便结合专业知识与新鲜视角。通常，参与人数控制在 3~7 人，这样既能保证多样性，又容易维持会议秩序。

　　（2）准备工具。根据选择的头脑风暴形式准备必要的工具。

　　传统型头脑风暴：需要黏性便签纸、签字笔和展示板。

　　数字型头脑风暴：使用软件如 Miro 白板等，可以更高效地收集和整理参会者的想法。

　　（3）设定时间。为每个环节设定时间限制，例如 5~10 分钟，以保持会议的紧凑性和高效性。在规定时间内，参会者应尽量多地记录自己的想法。

4.1.2　头脑风暴的方法

1. 思维导图

　　思维导图（Mind Mapping）是一种将思维可视化的结构化表达方式，它通过分支发散的形式，将中心主题与相关概念进行有机连接，形成放射状的知识组织结构，如图 4-1 所示。

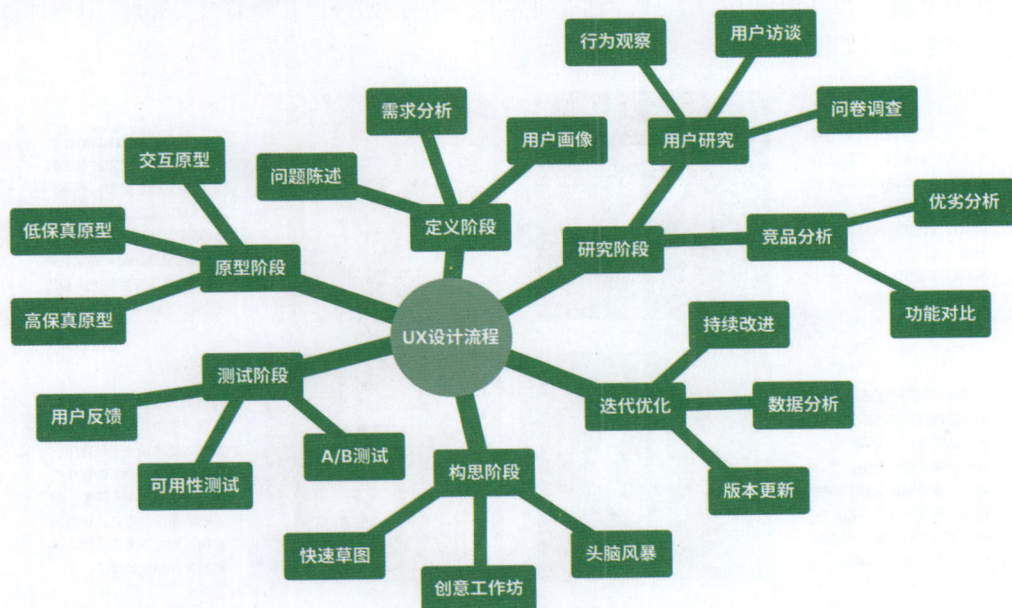

图 4-1　思维导图

思维导图具有层级结构性、可视化表达、关键词导向以及灵活性等特点，是常用的构思工具。

2. 六项思考帽

六项思考帽是由"创新思维学之父"爱德华·德·博诺（Edward de Bono）博士开发的一种思维训练模式，也是一个全面思考问题的模型，为人们提供了"平行思维"的工具。六项思考帽分别代表了事实、情感、乐观、批判、创意以及管理六个角度，如图 4-2 所示。

事实	情感	乐观	批判	创意	管理
白帽	红帽	黄帽	黑帽	绿帽	蓝帽
客观、事实、资讯	情感、直觉、预感	乐观、积极、阳光	批判、风险、问题	创意、创新、巧思	控制、管理、统筹
仅提供已知或需要的资讯、事实	用来表达情绪感受、分享喜恶	积极探索价值、好处与利益，挖掘优点并追求机会	思考缺点、问题和挑战等负面事情，并试图克服	追求创造力、新点子，有助于寻找可能性	主持帽，用于管理思考过程，六帽准则的控制机制

图 4-2　六项思考帽

3. SWOT 分析法

SWOT 分析是一种战略规划工具，用于指导决策，它涵盖优势（Strengths）、劣势（Weaknesses）、机会（Opportunities）和威胁（Threats）四个维度。SWOT 分析法起源于 20 世纪 60 年代，由管理顾问艾伯特·S. 汉弗莱（Albert S. Humphrey）在斯坦福大学的研究项目中开发，旨在以结构化方式评估企业战略地位，如今已广泛应用于包括用户体验在内的多个领域，如图 4-3 所示。

优势
是项目或团队内部具备的有助于成功的属性，如团队的创造能力、先进研究工具或强大用户参与策略等。例如，团队在设计用户友好型移动界面方面经验丰富，可确保应用程序直观易导航，提升用户参与度和满意度。

劣势
为内部阻碍项目成功的因素，如资源有限、技术技能差距或工作流程低效等。例如，团队缺乏数据安全方面的专业知识，这对处理敏感个人信息的健康应用来说至关重要，会威胁应用可信度和用户信任，限制其成功。

机会
指团队可利用的外部有利元素，包括新兴技术趋势、用户行为转变或新市场细分。以移动健康应用为例，公众对个人健康监测兴趣增加特别是可穿戴技术的兴起，为应用与可穿戴设备整合提供机会，可扩大用户基础。

威胁
类似外部挑战，可能对 UX 工作产生负面影响，如竞争加剧、技术快速变革或用户期望变化等。例如，健康技术和隐私法规的不断演变，若不密切关注应对，可能使应用过时或不合规，影响市场相关性和法律地位。

积极的　消极的
内部的　外部的

图 4-3　SWOT 分析矩阵

4. SCAMPER 创意方法

SCAMPER 创意方法是一种创造性的头脑风暴方法，广泛用于用户体验设计，以产生创新的想法和增强现有产品。SCAMPER 是七个单词的首字母，分别代表七种不同的方法：替代、组合、调整、修改、另作他用、消除和逆转，如图 4-4 所示。这些策略中的每一个都鼓励设计师批判性地思考，探索设计挑战的不同角度。

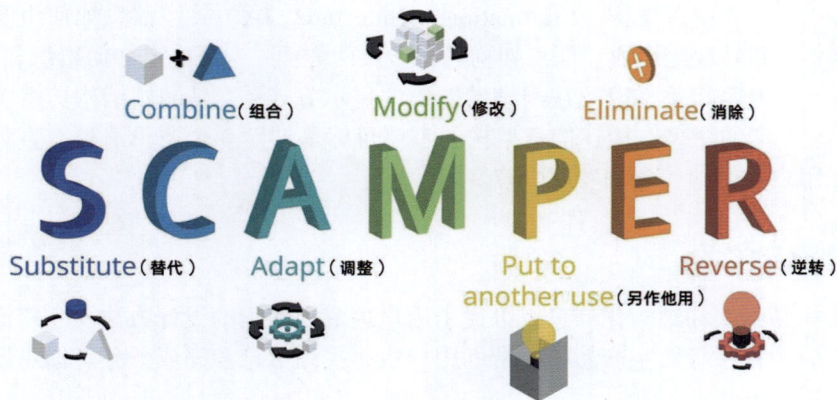

图 4-4　SCAMPER 创意方法

4.1.3　构思并讨论

构思过程中，需要确保会议环境舒适，让每个参会者都能自由表达自己的观点，而不必担心被批评或打断。这种氛围有助于激发创造力，鼓励更多的想法涌现。

在个人观点表达结束后，收集所有参会者的想法。可以通过展示板或电子工具汇总所有想法，如图 4-5 所示，让每个人都能看到其他人的贡献，也有助于激发更多的灵感。

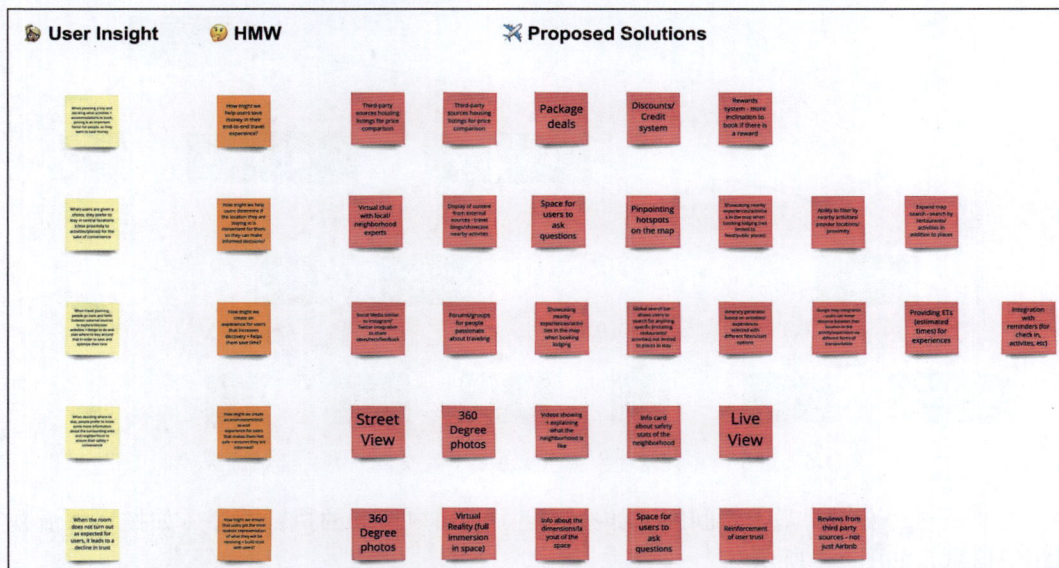

图 4-5　利用便签展示参会者的构思

然后组织团队对收集到的想法进行讨论。分析每个想法的可行性和潜在影响，并通过投票或讨论确定各想法的优先级。最终，将最佳想法转化为具体的行动项目。

4.2 信息架构

信息架构（Information Architecture，IA）关注信息如何组织、结构化和呈现给用户。信息架构通常涉及两方面：一是决定如何组织和维护内容、内容间关系以及在网站导航中的显示方式；二是网站结构、组织和导航元素的命名。构建信息架构的主要目标是创建一个逻辑清晰、直观的知识系统，有助于用户方便地找到和发现内容。

4.2.1 信息架构的组成

信息架构是组织和结构化信息，以便于用户理解和使用的设计方法。它广泛应用于网站、软件、应用程序等数字产品中，帮助用户快速找到信息和完成任务。信息架构的核心组成部分包括以下几大要素。

1. 组织系统

组织系统对信息进行分类和结构化，以帮助用户预测在哪里找到内容，并理解不同部分之间的关系。这些系统的有效性直接影响用户体验，因此，根据内容、上下文和用户需求选择正确的结构至关重要。常用的组织结构的类型有层次结构、顺序结构、矩阵结构、平面结构、多位层次结构等。

层级分类法：信息按层次进行分类，从大类到小类逐步深入。例如，电子商务网站的导航从"类别"到具体的"商品"，如图 4-6 所示。

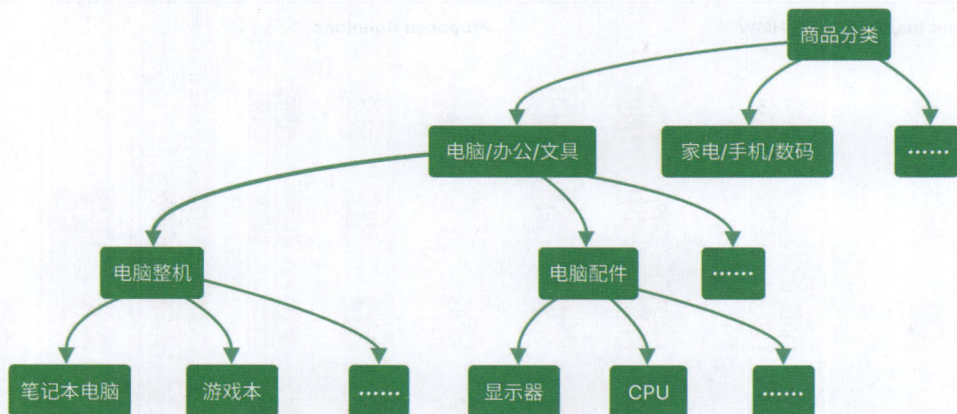

图 4-6 电子商务网站的常见组织系统，按层级分类法组织商品

时间或顺序分类：基于时间线（如按日期）或用户任务的执行顺序（如按步骤流程）来组织信息，如图 4-7 所示。

组织系统是信息架构的核心组成部分，它极大地影响用户体验。通过选择适当的结构，设计师可以为用户创建有效访问信息的直观路径。

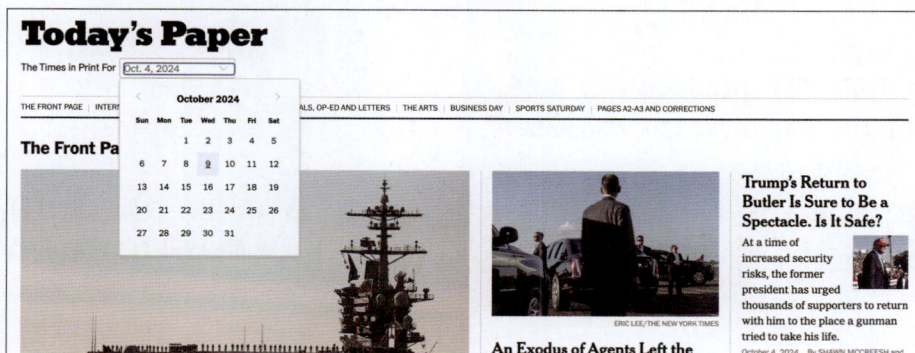

图 4-7 某新闻网站，允许用户根据日期选择对应的新闻查阅

2. 标签系统

用户体验设计中的标签系统对于创建直观和用户友好的界面至关重要。它们涉及使用清晰简洁的文本来描述按钮、链接、类别和其他交互元素，引导用户完成数字体验。常见的标签类型有以下几种。

（1）导航标签：用于菜单或导航栏，以引导用户浏览站点或应用程序的不同部分。

（2）操作标签：在按钮上找到，这些标签指示单击时会发生什么操作（例如"下载""添加到购物车"）。

（3）描述性标签：用于类别或部分，这些标签提供其中包含的相关内容的上下文（例如"博客""产品"）。

（4）图标标签：它们将文本与图标结合起来以增强用户的理解（例如带有标签"删除"的垃圾桶图标）。

3. 导航系统

导航系统能帮助用户在信息空间中移动，理解当前所处位置，并找到目标内容。常见的导航类型有以下几种。

（1）主导航：页面的核心导航，通常位于顶部或侧边，帮助用户访问主要内容区域。

（2）次导航：更细分的导航，通常用于访问子类别或特定内容。

（3）面包屑导航（Breadcrumbs）：展示用户当前在网站中的位置和层次，帮助他们快速返回上一级。

（4）上下文导航：根据当前内容或页面提供相关的导航链接或建议。

4. 搜索系统

搜索系统是指帮助用户通过关键词搜索找到特定信息的机制。它是使用户能够在数字平台中有效定位信息的组成部分。精心设计的搜索系统通过促进快速准确的信息检索来提高可用性、满意度和整体参与度。

5. 元数据系统

元数据（Metadata）是描述数据的数据，用于提供关于特定数据的信息。例如，在图书馆系统中，一本书的元数据包括：

（1）书名：《游画世界》。

（2）作者：吴冠英。

（3）出版年份：2020 年。

（4）ISBN 编号：978-7-302-55600-8。

（5）分类号：J224。

元数据就像路标一样，能够指引用户找到目标信息。适当运用元数据，设计师可以构建清晰的内容结构，增强网站中数据的可发现性和可用性，从而提升用户导航和查找信息的效率。

4.2.2　信息架构的呈现

根据具体需求和团队偏好，选择适合的信息架构可视化工具。以下是信息架构常用的工具。

（1）绘图工具：如 Microsoft Visio、Figma，用于创建流程图、树状图、站点地图等。

（2）原型设计工具：如 Figma、Mastergo，可以创建线框图和高保真原型。

（3）协作工具：如 Miro、Trello，可以用于团队讨论和迭代信息架构。

4.2.3　信息架构的测试

通常可采用认知走查的方法测试信息架构。认知走查是指通过模拟用户执行任务的过程，检查用户是否能够理解每一步的操作并找到正确的信息。

在认知走查中，首先需定义用户任务，确保每个任务都能代表系统的核心功能，并清晰反映用户目标和预期结果。其次，界定进行走查的典型用户类型，重点关注新手用户，以便发现潜在的可用性难点。再次，根据任务目标设计用户路径，列出用户在界面上可能采取的每一步操作，用以评估使用过程中的障碍。通过记录每个步骤中可能出现的认知难点或障碍，尤其关注界面的直观性、反馈及时性以及操作逻辑性，能够识别出关键的可用性问题。最后，针对发现的问题提出改进建议，简化用户决策过程，确保操作步骤符合用户期望，从而全面提升整体的用户体验。

评估用户在执行在每个操作步骤时可能的思维过程，关注以下四个核心问题。

（1）用户是否会尝试执行正确的操作？

（2）用户是否能够注意到界面中相关的线索（如按钮或提示）？

（3）用户是否理解该操作将产生什么结果？

（4）用户执行该操作后，是否能够明确知道自己是否接近成功？

教学视频

4.3　用户流程图

用户流程图是设计师在深入理解用户需求和痛点的基础上，站在用户的角度，去预测和规划用户与数字产品（例如网站、移动应用或其他软件）

交互时采取的一系列步骤或操作。用户流程描述了用户从起点（例如主页或登录系统）到目标操作（例如进行购买、提交表单或查看特定页面）的路径。

4.3.1　信息架构图和用户流程图的区别

信息架构图和用户流程图（图 4-8）是用户体验设计中的两个关键组成部分，它们的目的和作用不同，但相互补充。信息架构涉及创建信息的逻辑层次，包括类别、菜单、导航系统和标签等，关注网站或应用程序的整体结构，确保信息按逻辑排列且易于访问。用户流程指的是用户在数字产品中为完成特定任务而采取的一系列步骤。用户流程专注于特定任务和交互，详细描述用户如何通过各种操作或选项进行导航以实现目标。

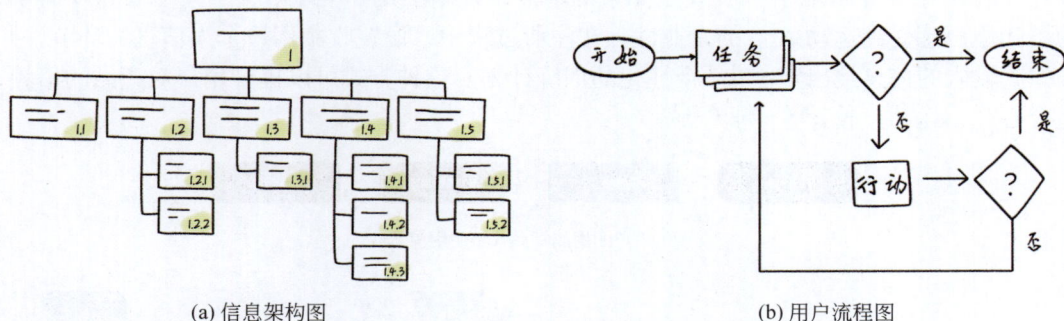

(a) 信息架构图　　　　　　　　　(b) 用户流程图

图 4-8　信息架构图和用户流程图

4.3.2　用户流程图的作用

1. 使用可视化的方法预测、规划以及优化用户流程

用户流程图通过直观的图形方式展示用户在产品中的操作路径和交互过程。这种可视化手段有助于团队预测用户行为，规划合理的交互路径，并及时发现潜在问题，从而进行有效的优化。例如，在设计新功能时，绘制用户流程图可以提前识别可能的用户痛点，确保设计的合理性和用户体验的流畅性。

2. 通过重构、优化流程，设计创新性的产品

通过分析现有的用户流程图，设计团队可以识别出冗余或低效的环节，进而进行流程重构和优化。这种深入的流程分析和调整，能够激发设计创新，打造更符合用户需求的产品。例如，重新设计用户注册流程，减少步骤或引入社交媒体登录等创新方式，可以提升用户体验，提高用户转化率。

3. 组织产品逻辑，为界面设计和开发建立基础

用户流程图清晰地展示了产品的功能结构和用户操作路径，为界面设计和开发提供了明确的指导。它能帮助团队理解各功能模块之间的关系，确保设计和开发的一致性和连贯性。例如，在开发电商平台时，用户流程图可以明确用户从浏览商品到下单支付的全过程，为界面设计和功能实现提供清晰的蓝图。

4.3.3 利用用户流程图创新设计

1. 做好设计研究

在设计初期，深入的用户研究至关重要。明确用户的行为模式、需求和痛点，为绘制准确的用户流程图奠定基础，确保设计方案切实解决用户问题并满足其需求。

2. 明确设计目标

在绘制流程图时，明确设计目标有助于指导设计决策。例如，若设计目标是简化流程，应在流程图中突出关键路径，减少不必要的步骤。如果设计目标是提升用户参与度，则可以在流程图中标注可能引入游戏化元素的节点，以增强用户互动和黏性。如图 4-9 所示，为了让用户感受到运动 App 的专业性，在注册过程中，设置收集用户个人信息的环节，并根据其输入的信息给出定制化、个性化的训练计划。这种方式可以提升用户对产品的信赖，适合心理、运动、教育等专业领域。

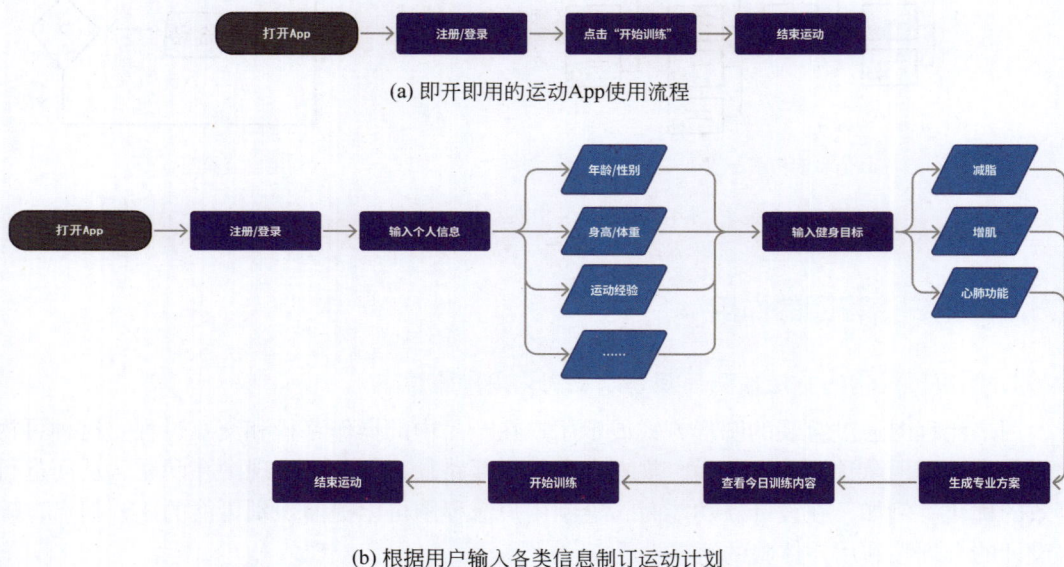

(a) 即开即用的运动App使用流程

(b) 根据用户输入各类信息制订运动计划

图 4-9   明确设计目标示例

3. 找到关键操作并全力优化

在绘制流程图的过程中，识别出用户任务中的核心操作，如注册、购买或分享等。一旦确定这些关键操作，就应重点优化相关节点，确保用户在执行这些操作时体验顺畅。可以思考如下问题：用户试图完成什么操作？他们现阶段的心态是什么？如何简化操作？

4. 消除摩擦点

除了关键节点，还需要找到用户旅行中的摩擦点。分析产生这些摩擦点的原因，尝试通过简化流程、优化性能或提供即时反馈等方法消除它们。减少摩擦点不仅能提升用户体验，还能提高转化率和用户留存率。如图 4-10 所示，通过流程图的可视化分析，我们发现注册流程中可能存在很多摩擦点，如密码字数不够、确认邮件不及时等，都有可能影响用户的注册过程。以此分析为基础，减少出错的可能性，可以通过优化设计，比如在页面中写明密码要求等；也可以促进技术的研发，比如通过验证本机号码直接登录等。

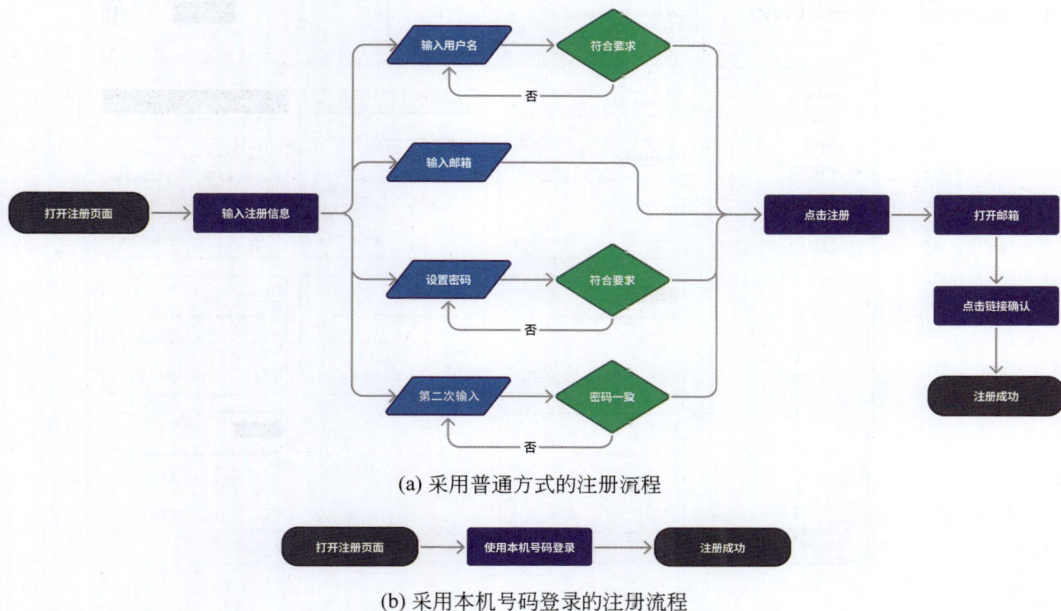

(a) 采用普通方式的注册流程

(b) 采用本机号码登录的注册流程

图 4-10 消除摩擦点示例

5. 测试和优化

流程的设计并非一蹴而就，需要持续地测试和优化。通过可用性测试，收集用户在实际操作中的反馈，发现流程中的不足之处。根据这些反馈，迭代更新流程图，确保其始终符合用户的需求和行为模式。利用流程图进行用户体验设计，可以系统地规划用户交互过程，明确设计目标，优化关键操作，消除摩擦点，并通过持续的测试和优化，打造出卓越的用户体验。

4.4 线框图

通过信息架构设计和流程图设计，对产品的架构和流程有了初步的规划之后，设计团队即可着手进行页面设计。线框图（Wireframe）是页面设计的第一步，如图 4-11 所示，它主要用于描述界面的结构、元素的位置和功能，而不涉及具体的视觉设计细节，是一种用来展示网页或应用界面布局的设计工具。

4.4.1 线框图的作用

线框图的核心作用在于为产品设计提供一种低保真且结构化的页面布局模型。它以简化的形式呈现内容、功能以及用户界面元素的布局，而不涉及诸如颜色、字体和图像等视觉设计细节。线框图在信息架构和用户体验设计

教学视频

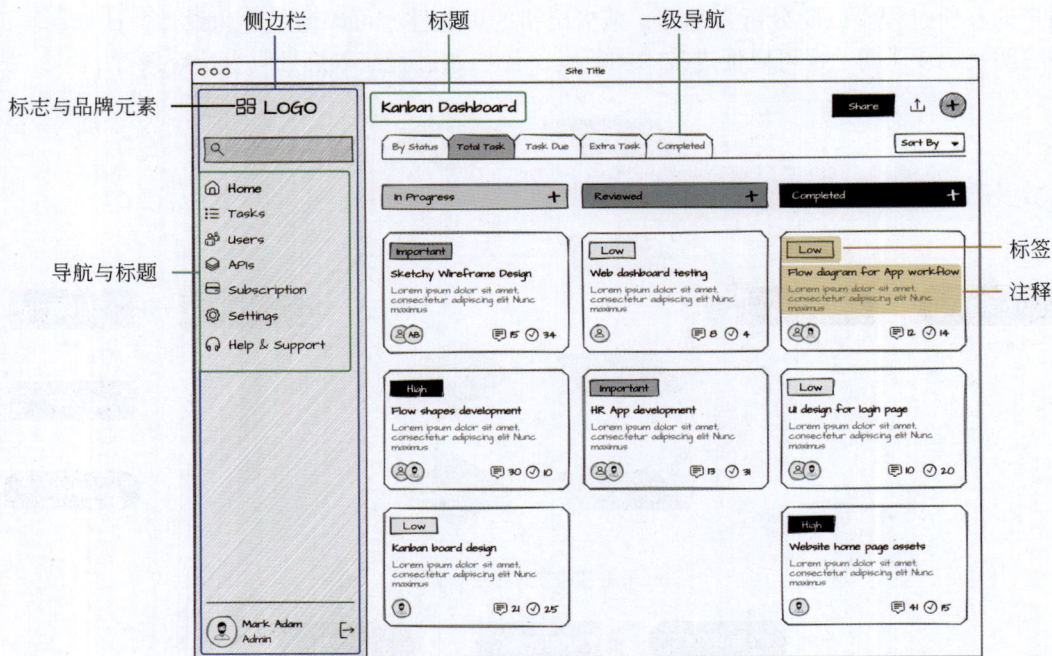

图 4-11　线框图示例

的早期阶段至关重要，主要具有以下几个作用。

1. 展示页面结构和信息层次

线框图为设计师与开发团队提供了明晰的页面结构，使其能够直观地看到页面上内容的排列方式。它展现了内容块之间的层次关系，助力团队明确信息架构中的优先级。例如，核心信息通常置于页面上部，而次要信息则列于其后。

2. 规划布局

线框图通过对页面上的主要区域和功能模块进行分块展示，诸如导航栏、内容区、侧边栏、页脚等，助力确定各个元素的位置及空间分布。它使设计师能够对布局进行测试与调整，确保页面结构合理，且能有效传递关键信息。

3. 规划交互流程

线框图可以模拟用户与页面交互的流程，帮助交互设计师确定用户的操作路径，明确如何引导用户完成任务，确保交互过程流畅且直观。

4. 简化沟通与协作

线框图是设计师、开发者、产品经理以及利益相关者之间沟通的桥梁。它通过视觉化呈现页面的结构与内容，无须讨论复杂的技术细节。在设计初期，团队可借助线框图迅速达成一致意见，避免过早陷入视觉设计或开发的细节问题。

5. 快速迭代

线框图简洁明了，易于快速创建与修改。这使得团队能够在设计早期阶段进行快速迭代,验证不同的信息架构和布局方案。在收集到用户或团队的反馈后,可迅速调整页面结构,降低设计与开发成本。

6. 界面设计的指南

线框图为后续的高保真设计和开发提供了清晰的框架。视觉设计师可依据线框图决定如何在页面上应用色彩、字体和图像等元素。它能帮助开发者理解页面的功能布局,确保前端开发与设计需求一致。

7. 聚焦功能与内容

线框图排除了视觉设计的干扰,促使团队专注于功能和内容的安排。如此可先满足功能需求,确保信息传递清晰。在后续视觉设计之前,团队能够专注于核心的用户体验和信息流,确保页面结构符合用户需求。

8. 测试用户行为

在正式设计之前,可使用线框图进行用户测试,观察用户如何与页面布局和功能交互。这种早期测试能够发现潜在的可用性问题,并在低成本阶段进行修改。

4.4.2　创建纸上线框图

创建纸上线框图（图 4-12）是设计过程的一个初始步骤,能够快速构思页面布局和信息架构。以下是创建纸上线框图的详细步骤。

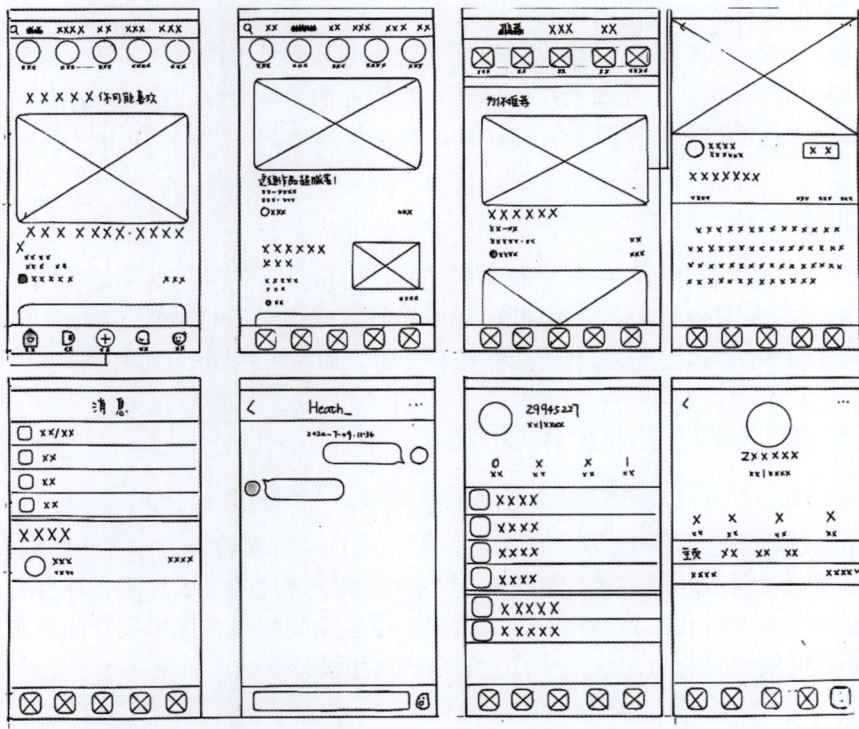

图 4-12　纸上线框图示例

1. 前期准备

绘制线框图之前，要确认已经设计好产品的信息架构。依据重点功能的流程图规划线框图的绘制逻辑和顺序。

2. 明确每个页面目标

在着手绘制之前，需明确每个页面的核心目的与功能。例如，判定该页面究竟是产品页面、登录页面还是首页。深入思考用户的需求以及页面所要完成的主要任务，诸如填写表单、购买产品、浏览信息等。

3. 画出页面框架

首先，通过绘制不同尺寸的矩形来确定页面的边界，以适配移动端和桌面端。其次，根据页面需求，将页面划分为页头、内容区、侧边栏和页脚等主要部分，确保结构合理。

4. 快速迭代

在初步线框图设计完成后，设计师需进行细致的审查与必要的调整。得益于手绘线框图的灵活性，修改与重绘图形变得轻而易举。设计师应探索不同的布局方案、按钮布局和内容分布，迅速评估哪种结构最合理。

5. 用户测试

在手绘线框图完成后，邀请团队成员或潜在用户进行审阅，并积极征求他们的反馈。通过这些讨论，我们可以验证页面布局和功能的合理性，并根据收集到的反馈信息快速调整线框图，确保设计能够满足用户的实际需求。

通过这些步骤，我们能够创建出既简洁又功能明确的纸上线框图。这一过程不仅加速了页面布局和功能的定义，还加强了团队成员之间的沟通与合作。在进入高保真设计或开发阶段之前，纸上线框图是一种经济高效的方法，用于验证信息架构和用户体验的合理性。

4.4.3 创建数字线框图

通过纸上线框图进行初步的规划和测试之后，即可进行数字线框图的绘制。相对于手绘线框图，数字线框图在形式上更为规范，还可以设置成可交互的原型，以供进一步的测试。创建数字线框图和创建纸上线框图的步骤基本一致，通常可使用 Figma 等软件进行绘制。

4.4.4 人工智能辅助生成数字线框图

1. 草图转绘：将手绘草图转换为标准数字线框图

设计师可以将手绘草图上传至 AI 工具，系统会自动将其转换为标准化的数字线框图。通过计算机视觉和图像处理技术，可以实现手绘到数字设计的无缝过渡，在保留原始创意的同时，方便后续编辑和完善。相对于文生图，手绘稿的转换在保留设计师主观意志的情况下，减少了机械性的绘制，是一种有益的智能协作设计方法。

2. 依据文本生成线框图

通过输入简洁的文本描述，AI 工具能够自动生成对应的线框图。例如，输入"包含热门轮播和推荐列表的主屏幕"，AI 即可生成包含这些元素的界面布局。Figma、Visily 等 UI 设计工具都提供了文本生成设计的功能，可以极大地提高设计效率。但需要注意的是，设计过程中应该充分发挥设计师的自主性，依托对用户的共情，找到更符合用户需求的解决方案。

4.5　原型

　　原型是产品的初步模型，旨在展示和测试设计概念或产品构想。它可以是简单的草图、互动的数字模型，也可以是实际的产品样本，最终目的是收集用户反馈、识别潜在问题并进行迭代改进。原型设计在产品开发和用户体验设计中至关重要，它允许团队在早期阶段测试和验证设计概念，及早发现问题，避免后续大规模修改，从而节省时间和成本。

教学视频

4.5.1　原型的类型

　　根据制作所需的时间和呈现的状态，原型可分为低保真和高保真的不同样态。低保真原型的制作通常采用快速的方式，如手绘草图、线框图等。这些原型虽然在视觉上较为简陋，但它们能够迅速传达产品的基本结构和功能，使得团队能够将精力集中在用户体验和交互流程上。通过这些方式，设计师和开发人员可以在早期阶段发现并解决潜在的问题，避免在后期开发中产生昂贵的修改成本。

　　高保真原型通过逼真的 UI、丰富的动效以及完整的使用流程，提供与最终产品极为相似的体验，如图 4-13 所示。高保真原型通常有两个作用：一是用于对 UI 设计、动效设

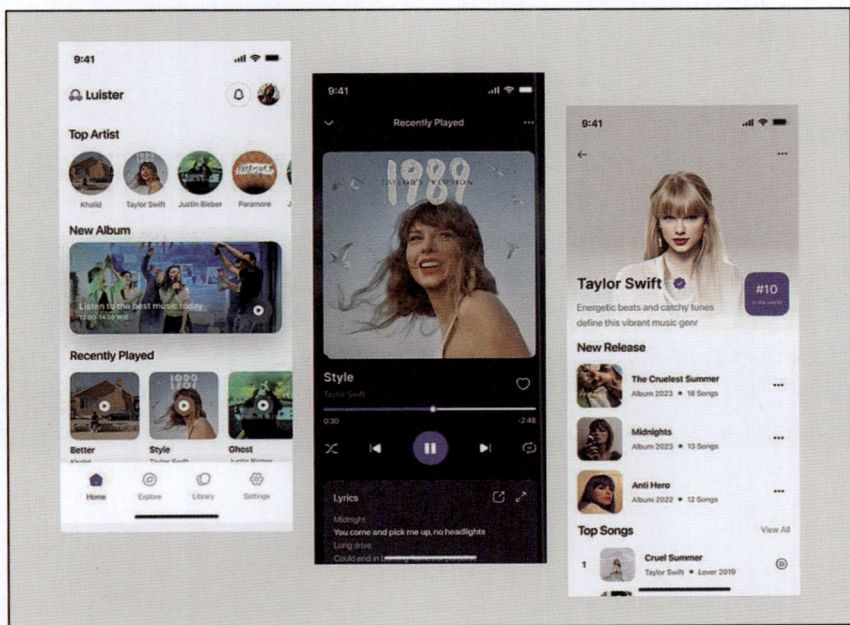

图 4-13　高保真原型的界面示例

计等细节的测试和评估，在产品开发和上市之前进行最后的"体检"；二是用于产品设计的汇报和推介，利用高保真的效果，向利益相关人（如投资人、公司领导等）和市场展示设计成果。

4.5.2　原型的设计原则

1. 目标导向

每个原型都应有具体的目标来指导其开发。不同的目标可能对应完全不同的原型类型。比如，若要验证产品的交互流程，只需要设计低保真原型，通过流程图和线框图制作的原型，可快速检查交互流程中的问题。如果要检验产品的界面设计和动效设计，就需要高保真原型。具备完整视觉设计和动画设计的高保真原型可以在开发之前，验证产品的最终使用效果。确定原型的目标，将会为设计工作节省大量时间。

2. 敏捷与迭代

原型制作本质上是一个迭代的过程。设计师应根据用户反馈和测试结果对设计进行迭代优化。这种循环使得团队能够探索各种设计解决方案，识别可用性问题，并在产品最终确定之前做出必要调整。正如 IDEO 公司的蒂姆·布朗所言："迭代过程让我们慢下来是为了之后能更快。"在原型阶段进行充分的测试，能够尽可能避免产品上市后再发现问题，从而节省大量成本。

3. 可视化沟通

利用原型将抽象概念具象化，使所有相关方能够与之互动，从而更好地理解和传达设计意图。利用原型促进跨职能团队（包括设计师、开发人员、营销专家等）之间的协作，通过整合多元视角来丰富设计过程。向利益相关方展示原型，让他们尽早参与项目，以提高项目的参与度和一致性。

思考与练习

1. 某团队需为智能家居 App 设计"老人模式"，请说明六项思考帽中的"黑色思考帽"在此场景下的具体应用。

2. 某在线教育平台需优化课程购买流程。

（1）根据信息架构要素，列举课程详情页需强化的 2 个元数据字段。

（2）结合流程优化原则，说明如何通过用户流程图消除"课程对比"环节的摩擦点。

第 5 章

用户界面设计

用户界面是数字产品与用户交互的桥梁，承载着信息传递、功能操作以及品牌形象塑造的多重任务。在快速发展的数字化时代，优质的用户界面设计不仅能够提升产品的可用性和用户体验，还能通过视觉语言传达品牌价值，为产品赢得用户的信任与喜爱。

本章将围绕用户界面设计的核心要素展开探讨，涵盖颜色、字体、图标等基础内容，并深入解析如何通过科学的设计原则与方法构建功能性与美观兼备的界面。结合人工智能技术在设计中的最新应用，我们还将探讨智能化工具如何赋能用户界面设计，为设计师提供更高效的工作方式和更丰富的创意可能性。通过本章的学习，读者将掌握用户界面设计的基础理论和实操技巧，为构建优质数字产品提供有力支持。

5.1 用户界面

用户界面作为用户与计算机系统或软件应用交互的窗口，其发展历程见证了技术的不断演进和用户需求的持续变化。用户界面经历了从命令行界面到图形用户界面（GUI）再到 Web 时代和移动应用界面设计的不断演进。每个阶段都代表了技术发展和用户需求的变化，推动了界面设计理念的创新与发展。

用户界面设计在现代软件和应用程序开发中至关重要，其设计效果直接影响用户的体验感和满意度。优秀的界面设计不仅需要满足功能需求，还需提供愉悦、便捷的交互方式，帮助用户更好地理解和使用产品。

　　首先，用户界面设计的核心任务是提升用户体验。设计师通过精心的布局、清晰的导航和易懂的图标，使用户能迅速找到所需的功能并完成操作。合理的按钮位置、简洁的页面布局和设计风格能够有效减少认知负担，提升使用流畅度，增强用户满意度和留存率。其次，界面设计对提升产品可用性至关重要。良好的设计可简化操作步骤，减少输入次数；即时、恰当的反馈可以提示用户当前状态，降低使用错误率，并提高任务效率。最后，界面设计是建立品牌形象的重要手段。通过精心选择的颜色、字体和图标，能传达品牌理念，增强品牌的吸引力和情感联结。在竞争激烈的市场中，优质的界面设计不仅能提升用户体验，还能吸引用户并提高产品竞争力，显著提升用户购买意向和忠诚度。

5.2　图形用户界面组成要素

　　图形用户界面的组成要素涵盖了颜色、字体和图标等多个方面，它们相互协作，共同构建出一个直观、美观且易用的用户界面。合理运用这些要素，能够极大地提升用户体验，增强产品或服务的竞争力。

5.2.1　颜色

教学视频

　　颜色是图形用户界面中影响用户体验、品牌形象、信息传递和交互效果的关键因素（图 5-1）。通过合理运用颜色理论和色彩搭配原则，可以显著提升图形用户界面的吸引力、可用性和情感共鸣，从而增强产品或服务的竞争力。

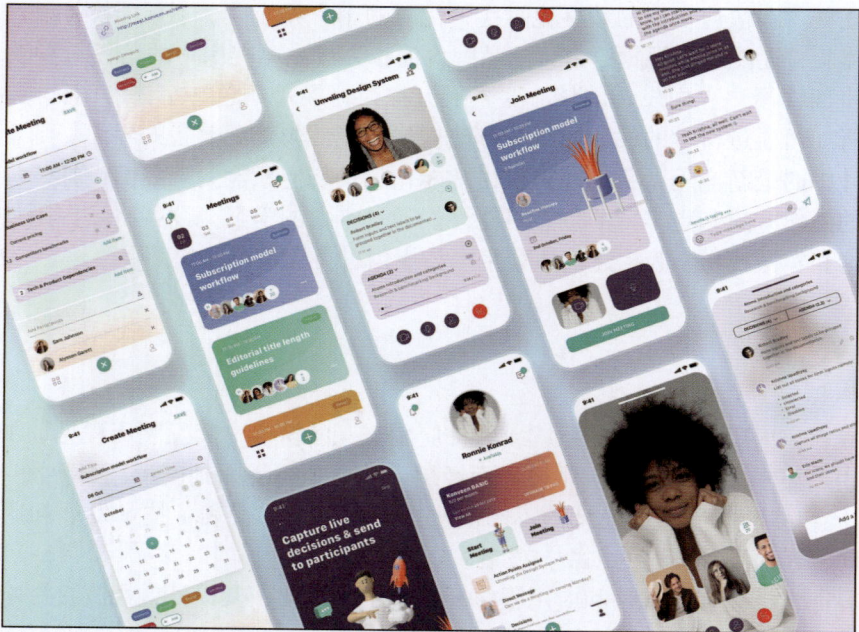

图 5-1　颜色是图形用户界面的重要元素（图片来源：Avinash Tripathi@Dribbble.com）

1. 颜色在图形用户界面中的作用

1）吸引用户注意力与引导视觉流程

突出关键元素：鲜明、对比强烈的颜色可以突出重要按钮（CTA）、提示信息或导航菜单，迅速吸引用户的注意力并引导用户执行重要操作。例如，在电商应用中，将"加入购物车"按钮设置为鲜艳的橙色或红色，与周围元素形成强烈对比，可以有效促使用户注意并点击该按钮。

创建视觉层次：通过颜色变化（如深浅、明暗、饱和度差异）来建立视觉层次，帮助用户快速理解界面内容的结构和信息的优先级。例如，标题使用深色、高饱和度的颜色，而正文采用浅色、低饱和度的颜色，使页面层次分明，用户可以迅速找到关键信息。

2）传达情感与塑造氛围

不同的颜色具有不同的心理暗示和情感关联，可以潜移默化地影响用户的情绪和感受，进而左右用户对界面及产品的态度。例如，蓝色通常用于金融或医疗类应用，传达冷静、专业和可信赖的感觉；红色常用于促销活动页面或警示信息，传递紧急和重要的感觉，从而激发用户采取行动或引起警觉。

3）增强品牌识别与一致性

体现品牌形象：品牌色彩是品牌形象的重要组成部分，独特且一致的颜色运用可以强化品牌在用户心中的印象，提高品牌辨识度和记忆度。例如，用户看到"美团"的橙色或"支付宝"的蓝色时，会立即联想到相应的品牌。

保持跨界面一致性：在产品的不同页面和功能模块中保持颜色使用的一致性，有助于用户建立统一的视觉认知和操作习惯，增强用户对产品的信任感和熟悉感。在界面设计中，通常需要使用三种系统颜色来表示不同的状态，如图 5-2 所示。

（1）红色（错误），用于表示需要紧急关注的错误消息或系统故障。

（2）橙色（警告），用于提醒用户谨慎行事，表明某个操作可能存在风险。

（3）绿色（成功），用于表示正面消息，或某个动作已经按预期完成。

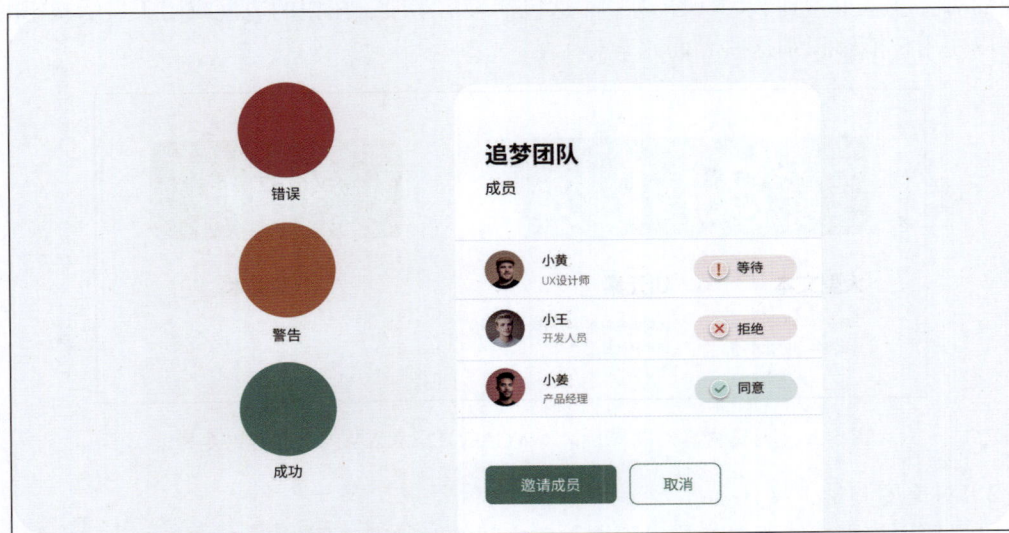

图 5-2　三种系统颜色

4）遵循设计趋势与创新平衡

颜色设计趋势不断变化，关注并融入当前流行的色彩元素可以使界面设计更具现代感和时尚感，吸引追求潮流的用户群体。例如，近年来流行的莫兰迪色系（低饱和度、柔和色调）在界面设计中广泛应用，营造出优雅、高级的视觉效果。在遵循基本设计原则和用户认知习惯的基础上，还可以尝试独特的新颖色彩组合和创意运用，可以让产品脱颖而出，给用户带来新鲜感和惊喜感，形成产品的差异化竞争优势。

2. 确保足够的对比度

对比度是衡量两种颜色之间亮度差异的指标，用于确保用户在界面上能够清晰地看到文字和元素。对比度以比率形式表示，范围为 1∶1~21∶1。例如，黑色背景上的黑色文本具有最低的 1∶1 对比度，而白色背景上的黑色文本则有最高的 21∶1 对比度。

对比度的计算公式为

$$对比度 = \frac{L_1 + 0.05}{L_2 + 0.05}$$

式中：L_1——较浅颜色的相对亮度；

L_2——较暗颜色的相对亮度。

上述公式可以帮助我们计算两种颜色之间的感知亮度差异，以确保界面上的文本和图像对用户可见。

1）色彩无障碍

为了确保视力障碍者也能清楚地看到界面细节，色彩应至少满足《网页内容无障碍指南（WCAG）2.1》AA 级色彩对比度要求。以下是两个重要的对比度标准。

（1）文本元素对比度要求（4.5∶1）：需要确保文本与背景之间的对比度至少达到4.5∶1，以确保文字在视觉上清晰、易读。

（2）非文本元素、大型文本对比度要求（3∶1）：界面组件和图标应该确保颜色和背景之间的对比度至少达到 3∶1（图 5-3）。这包括表单字段、按钮的边框或用于显示状态的图标，以便用户能够识别这些界面元素。

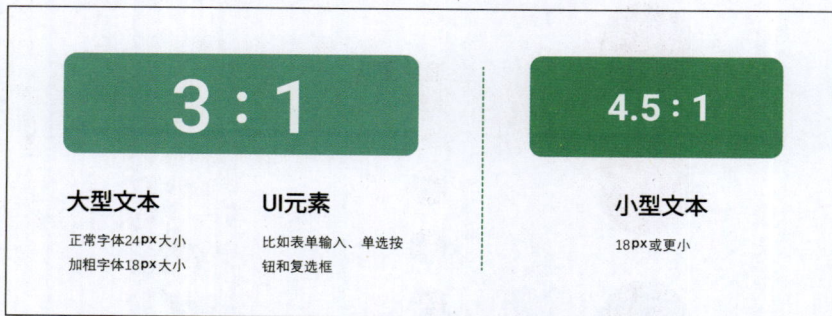

图 5-3 《网页内容无障碍指南（WCAG）2.1》AA 级色彩对比度要求

2）对比度测量工具

可以使用许多在线工具来测量不同颜色之间的对比度，例如 WebAIM Contrast Checker等，这些工具可以帮助设计师快速检测设计中的颜色组合是否符合色彩无障碍标准。

3. 建立调色板

1）黑白为基础

设计初期采用无彩色方案是一种有效的方法，有助于设计师更专注于界面中的核心元素，如间距、大小、布局和对比度，而不必过早面对颜色选择所带来的复杂性。通过在黑白色调下设计界面，可以确保视觉上的层次结构和信息传达的准确性，从而为后续的配色工作奠定坚实的基础。许多品牌在界面设计中刻意避免使用过多彩色，而选择黑白色调，以营造经典而永恒的外观和感觉，如图 5-4 所示。

图 5-4　黑白色调的界面

与白色背景相反，使用黑色背景创建的深色界面，可以传达出戏剧性、力量感或奢华感。此外，为了减少屏幕亮光对眼睛的刺激，很多产品也提供深色界面供用户选择。

2）添加颜色

使用黑白色调确定好界面的布局和内容元素之后，可以适当增加颜色以提升产品的视觉个性。一种简单而有效的做法是将品牌颜色应用于交互元素（如文本链接和按钮），以帮助用户识别哪些元素是可交互的，如图 5-5 所示。尽量避免在非交互元素上使用品牌颜色，以保持视觉上的一致性和明确性，确保用户能够清晰理解界面信息。

3）创建调色板

在界面设计中，为了确保颜色在各个界面中的一致性和连贯性，并且加快设计过程中颜色的选择和使用，需要创建一个调色板来集中管理设计中的颜色体系。其中，利用黑白色调＋品牌色组成的色板为中性灰色板，是最简单的颜色组合方式。除了中性灰，单色色板也非常受欢迎。单色色板是一个由单一颜色的各种变体（通过改变饱和度和亮度）组成的色彩集合。首先，单一颜色的多种变化可以创造出简洁、连贯的视觉效果，避免杂乱无章的颜色。其次，赋予颜色功能意义，例如主色可以用于可操作或可交互的元素，从而帮助用户理解哪些部分可以操作。最后，单色色板可强化品牌形象，增强用户对品牌的记忆和认知。

调色板不必过于复杂，大多数情况下，只需选择 1 种品牌颜色及其 n 种变化即可满足设计需求（图 5-6）。可以通过调整品牌色的不透明度来处理按钮悬停等交互状态。

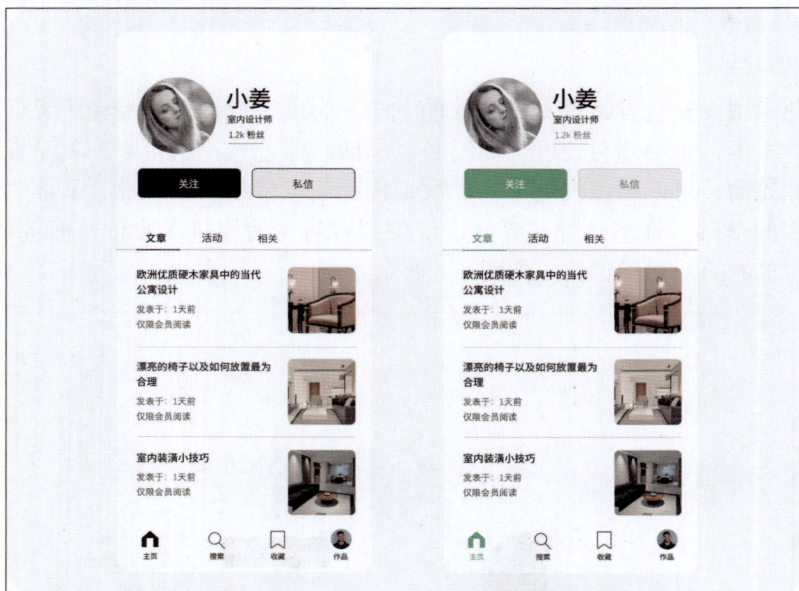

图 5-5　品牌颜色应用于交互元素

图 5-6　浅色调色板示例

4）测试调色板

为确保单色调色板能够有效应用，建议使用包含所有颜色的界面来测试调色板，如图 5-7 所示。在真实的使用场景中查看这些颜色的效果，是确保它们在不同元素之间协同工作的唯一途径。

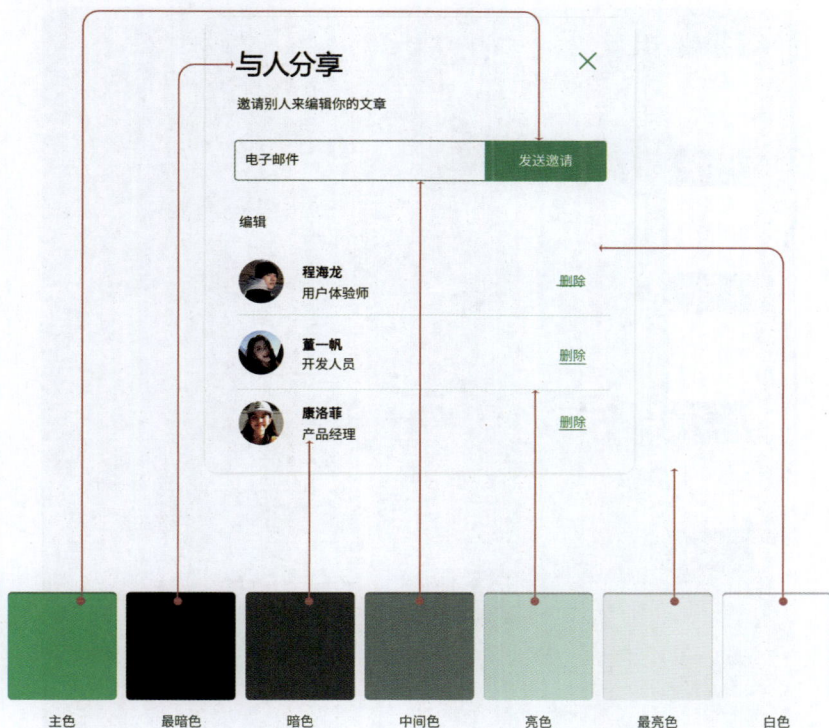

图 5-7　测试调色板

首先，创建一个典型的界面原型，其中需要包含以下内容。

（1）标题和正文：使用最深色变化和深色变化来展示主要和次要文本内容。

（2）按钮和链接：使用主色来显示主要交互元素，如"注册"或"立即购买"按钮。

（3）表单输入字段：为表单边框应用中等变化，以确保用户能够清晰识别输入区域。

（4）装饰性元素：例如分隔线或背景边框，使用浅色变化来划分界面内容。

（5）背景色：使用最浅色变化作为部分界面的背景，以区分不同功能区域。

其次，检查对比度，确保每个颜色组合都符合色彩无障碍设计标准。可以使用在线工具（如 WebAIM Contrast Checker）检查标题、正文、按钮等元素与背景之间的对比度，确保所有文字和图标清晰可见。然后测试不同场景下色板的有效性。

（1）正常状态和悬停状态：测试按钮和链接在正常、悬停、点击等状态下颜色的效果，确保视觉反馈清晰。

（2）不同设备和光线条件：在不同设备（如手机、平板电脑、计算机）以及不同光线条件（如亮光和弱光）下查看界面，确保颜色在各种设备和环境中仍然易于识别和美观。

（3）色觉障碍模拟：使用工具（如色盲模拟器）模拟不同类型的色觉障碍，以确保调色板对所有用户都具备良好的可访问性。

5）创建暗色调色板

如果要设计一个暗色界面，需要创建一个暗色调色板（图 5-8），其创建方法与亮色调色板类似。具体步骤如下。

图 5-8　暗色调色板

（1）使用主要品牌色调作为基础。

从主要的品牌色调开始，并将其作为整个调色板的基础颜色。

（2）改变饱和度和亮度，创建以下 5 种变化。

最暗色：保留品牌颜色的饱和度，适当降低亮度，得到一种非常深的颜色，用于背景或需要最暗效果的部分。

暗色：略微提升亮度，但保持颜色的深度，用于次要元素或辅助背景，以创建层次感。

中间色：进一步提升亮度并降低饱和度，用于界面中分隔的装饰性元素，如边框和分割线，使其与深色背景有所区分。

亮色：大幅提升亮度，形成一种略带颜色的浅灰色，用于非交互性的背景区域，以增加界面的层次感和细节表现。

最亮色：尽可能提高亮度并降低饱和度，以获得一种非常浅的灰色，用于细微的修饰元素，确保不影响整体的深色风格。

5.2.2　字体

字体也是图形用户界面的关键元素之一。字体影响用户的可读性、体验感和整体视觉美感，良好的字体选择和排版布局能够有效提高信息传达的效率，使用户界面更加直观、易用。

在选择字体时，不仅需要考虑其视觉美感，还需要平衡功能性和无障碍性，确保用户在各种设备和场景下都能获得一致且舒适的体验。这意味着字体应具备良好的可读性、适当的字重选择、良好的对比度，以及在不同屏幕尺寸和分辨率下的一致表现。

教学视频

1. 字体的类型

字体族是一组具有相似风格或美学特征的相关字体。常用字体主要分为三大类：有衬线字体、无衬线字体、手写体字体（图 5-9）。

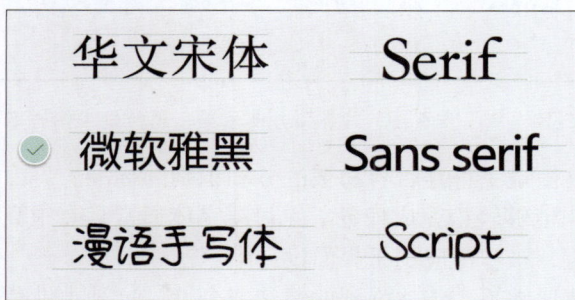

图 5-9　几种不同类型的字体

有衬线字体在字母的末端包含装饰性的尾饰或脚。这类字体通常传达出一种传统、经典或正式的氛围。一些有衬线字体的易读性较高，一般用于印刷制品中的阅读文本。

无衬线字体是指没有装饰性尾饰的字体。它们因简洁的特性看起来更现代，且在大、小尺寸下都具备良好的可读性。无衬线字体通常被认为是界面设计中安全且中性的选择，适用于绝大多数数字化场景。

手写体字体模仿手写风格，通常具有独特的个性和流动感。由于其可读性较低，因此不适合在小尺寸下使用，尤其是在数字界面中可能会影响阅读体验。然而，在大尺寸下，手写体字体可以很好地传达特定的氛围，如正式、优雅、个性化或随意的感觉，适用于标题、装饰性文本或品牌标识。

2. 字体的选择

1）使用单一无衬线字体

对于刚开始进行界面设计的人来说，使用无衬线字体是大多数情况下最安全的选择（图 5-10），主要基于以下三点原因。

图 5-10　使用多种字体的界面与使用单一无衬线字体的界面

易读性：易读性是衡量字符是否容易被区分和识别的标准。界面文本的主要目的是清晰地传达信息，使用户能够轻松完成任务。无衬线字体通常具有很高的易读性，尤其是在小尺寸设备上表现良好，被广泛应用于界面设计中。

中性：无衬线字体通常不会传达强烈的情绪或个性，这种中性色彩的特性有助于突出内容，而非字体本身，使用户更容易聚焦在信息上。

简洁性：无衬线字体通常比其他字体更简单，因为它们没有多余的装饰性尾饰和细节，视觉上更加清爽。使用单一无衬线字体不仅可以使界面看起来更加整洁统一，还能提升用户体验的可用性和美学价值，为用户提供更舒适的视觉体验。

由于以上原因，界面设计中尽量选择系统或平台内置的字体。以下分别是安卓、iOS 以及 Windows 三个平台的系统字体。

（1）思源黑体（Noto Sans SC）：由 Google 和 Adobe 合作开发，支持多种语言，字形清晰，适用于大多数场景。

（2）苹方（PingFang）：Apple 开发的中文字体，广泛用于 iOS 和 macOS 系统界面，简洁现代。

（3）微软雅黑（Microsoft YaHei）：Windows 系统的默认中文字体，适合各类界面，兼具良好的可读性和美观性。

2）标题选用第二种字体

虽然对于大多数界面设计而言，使用单一无衬线字体是最安全的选择，但根据品牌个性和需求，设计者可能希望在设计中添加一些独特性。当对排版越来越有信心时，可以尝试仅在标题中选用第二种字体。由于标题通常以较大尺寸呈现，因此不需要担心小尺寸下的易读性问题，这样的组合可以在保持界面整体清晰度的同时，增加品牌个性。

在界面设计中，字体与颜色、形状和图像一样，可以用来激发情感和传达氛围。尽管人们对不同字体产生的情感反应往往因个人经历、偏好和文化而有所不同，但仍有一些通用的指导原则可以帮助我们选择符合品牌个性的字体（图 5-11）。不同字体类型可传达不同的情感。

无衬线字体：中性、简约、现代。无衬线字体因具有简洁和中性特点，通常适用于强调现代、科技感的品牌，能够传达清晰、直接的信息。

有衬线字体：传统、成熟、经典。有衬线字体的装饰性笔画使其看起来更加正式和庄重，适用于传达具有传统、历史感或成熟气质的品牌。

圆角无衬线字体：有趣、柔和、俏皮。圆角无衬线字体因具有圆润的特性，通常给人一种亲和、友好的感觉，适用于儿童产品、创意品牌或希望传达轻松氛围的设计。

随意的手写体字体：个性化、手工制作。随意的手写体字体通常用于需要体现个性和温暖情感的场景，适用于手工艺品、创意工作室等品牌。

正式的手写体字体：正式、女性化、优雅。正式的手写体字体具有流畅的笔画和优雅的曲线，适合用于高端、奢华的品牌，常见于婚礼邀请函、化妆品等物品。

浅色的无衬线字体：时尚、现代、奢华。浅色的无衬线字体通常具有独特的高对比度和现代感，适合用于奢华、别致的品牌，以传达时尚和高级的氛围。

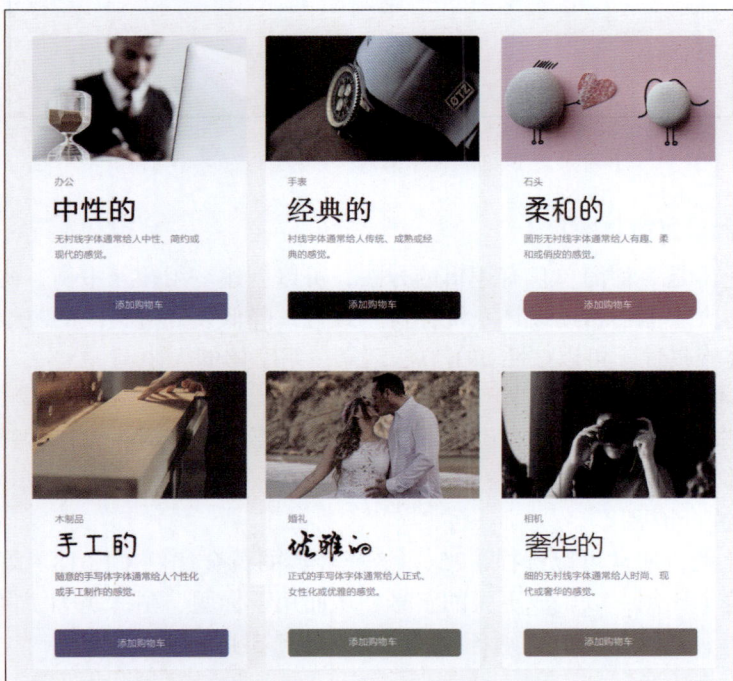

图 5-11　不同风格字体的应用

3）不要使用过多的字重分级

过多的字重分级会给界面增加视觉噪声，使页面显得杂乱无章，并使得一致性变差，如图 5-12 所示。因此，建议在设计中保持字重的选择简单明了，以减少视觉混乱，增强设计的整洁感。

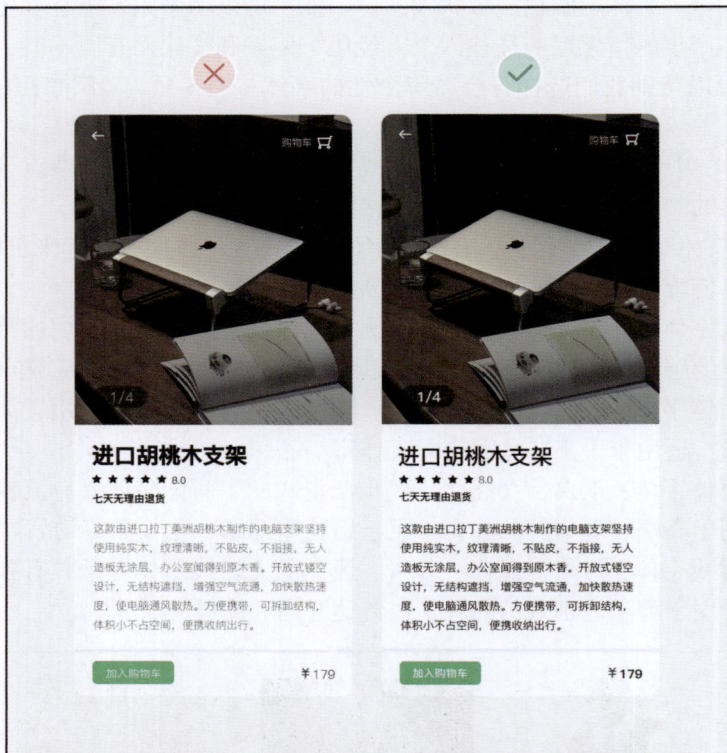

图 5-12　使用过多的字重分级会让页面显得杂乱

3. 使用比例设置字体大小

使用字体比例是一种简单且有逻辑的方法，可以创建一组相互平衡、协同工作的字体大小。这些字体大小能够帮助设计系统保持一致性，降低设计过程中的决策复杂性，并且提高界面的整体连贯性。可以按照如下方法定义一组字体的大小。

1）确定基本字体大小

从正文的基本字体大小开始，例如 16px，这是多数界面设计中常用的默认值，既适合桌面端也适合移动端。

2）按比例进行扩展

选定一个比例，通常可以选择 1.25、1.5 或经典的黄金比例（1.618）等比例。将基本字体字号乘以这个比例，以生成更大的字号，从而用于标题、副标题等。例如，若基本字体大小为 18px，使用比例 1.25，则各级字体大小如图 5-13 所示。

4. 文字的排版

1）使用较大的正文字体

对数字产品来说，无论是手机、平板电脑还是桌面设备，大多数人会以一个手臂的距离阅读，因此正文文本应确保在这种距离下可被清晰阅读。对于大多数字体，建议将长篇

字体比例（1.250）	尺寸	字重
标题1	44px	Bold
标题2	36px	Bold
标题3	28px	Bold
标题4	22px	Bold
正文	18px	Regular
小字	15px	Regular

图 5-13　成比例的字体级别

正文的字体大小至少设置为 16px，以保证可读性。在图 5-14 中，12px 的正文文本显得过小，而将其增大到 16px 后，文字阅读起来更加轻松、舒适。

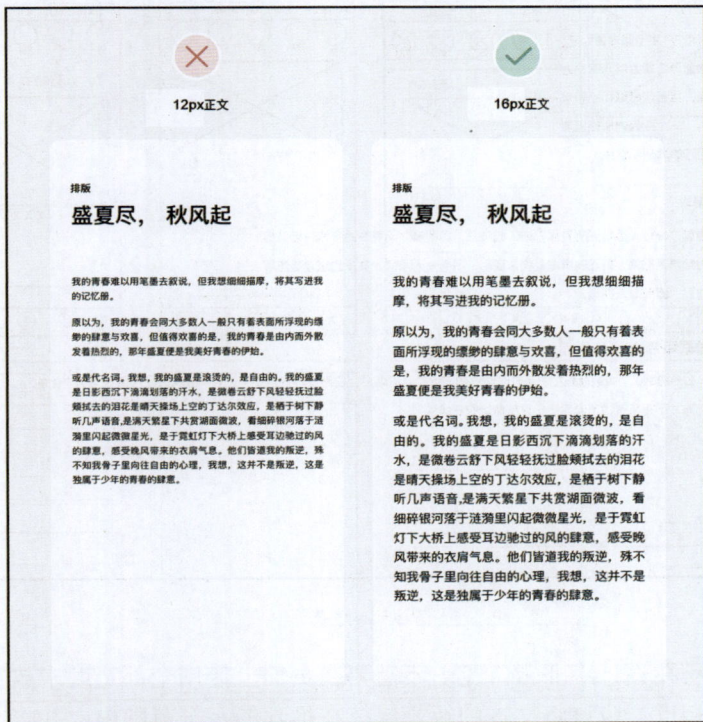

图 5-14　长正文字体

2）对于长正文文本，至少使用 1.5 行距

行距是两行文本之间的垂直距离。为了确保可访问性和易读性，尤其是对于长正文，需确保行距至少为 1.5（150%）。保持行距在 1.5~2 通常效果很好。行与行之间的空白有助于防止人们重读同一行文本，看起来和读起来也更舒服。

以下是设置行距的一些技巧。

（1）较长的文本行需要较大的行距来帮助分隔它们。

（2）较暗和较重的字体需要较大的行距，以帮助减轻和分隔文本行。

（3）有些字体看起来比其他字体大，即使它们的字体大小相同。看起来更大的字体需要更大的行距。

3）确保理想的行长

文字行的长度对阅读性有很大的影响。如果每行文本过长，人们很难自然地找到一行的开头和结尾，导致阅读体验不流畅，甚至可能在行间跳跃时迷失。特别是在长篇文本中，过长的行会增加认知负担，使用户阅读变得更加困难和疲劳。如果每行文本过短，眼睛需要频繁地从行尾返回行首，增加了眼睛的运动次数，也会导致疲劳。适当的行长能够显著优化用户阅读长篇内容的体验，使得文本信息更容易被吸收和理解（图 5-15）。

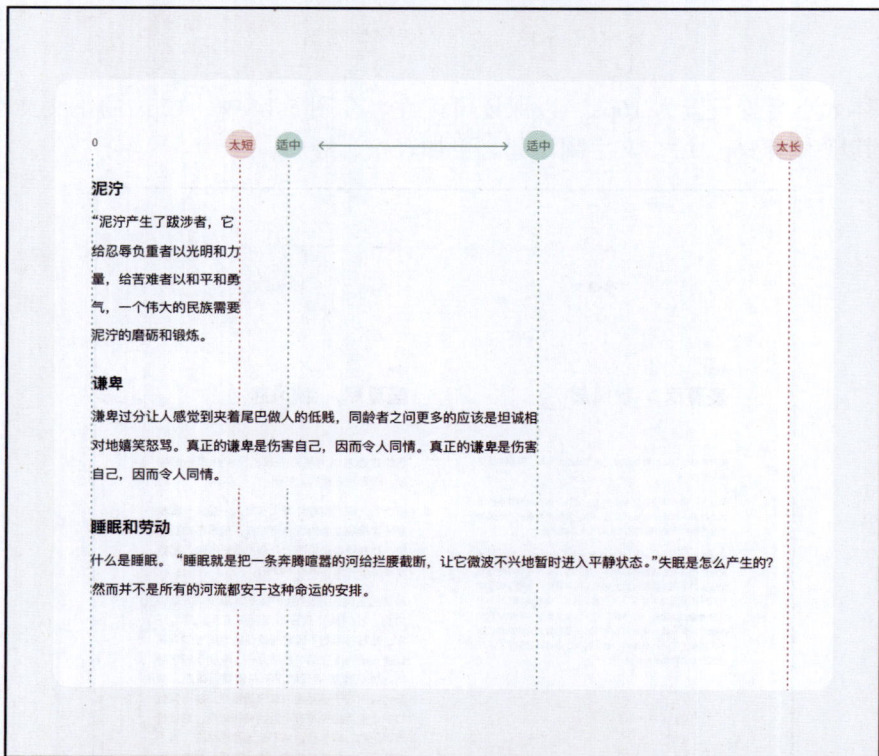

图 5-15　行长示例

不合适的行长在设计中非常常见。不需要在页面上使用全部宽度来放置文本，因为这会降低可读性。相反，应该将文本的行长保持在推荐的字符范围内，并将文本块左对齐或居中对齐。

5. 确保图片上的文字清晰易读

将文本直接放置在图片上是一种常见的错误设计，这种设计可能使文本难以辨认，尤其是当照片中的颜色和亮度变化较大时。这种问题对于视觉障碍者来说尤为严重，因为他们更依赖文本和背景之间的清晰对比来理解内容。因此，确保文本在图片上具有足够的对比度是非常重要的。

如图 5-16 所示，白色文本直接放置在照片上，由于照片背景的亮度和颜色变化不均匀，使得部分文字与背景靠色，难以阅读。这种设计不仅会使用户难以辨认文字，还可能导致重要信息无法被有效获取。

为了确保文本在照片上有足够的可读性，可以采用添加文本背景、应用线性叠加、添加描边或阴影、添加半透明覆盖、模糊背景等方法（图 5-17、图 5-18）。

图 5-16　图片上的文字有时候会难以辨认

图 5-17　添加文本背景

图 5-18　应用线性叠加

5.2.3　图标

1. 图标在界面中的作用

图标是界面设计中的重要视觉元素，它们通过简洁、直观的方式传达信息，帮助用户快速了解界面功能并进行交互。良好的图标设计可以使界面更具可读性和美观性，从而提升用户体验。具体而言，图标在界面中有如下四个作用。

1）增强视觉识别，吸引用户注意力

快速识别与定位：图标以简洁的形式呈现信息，吸引用户注意力，帮助用户快速找到所需功能或内容。例如，用户通过熟悉的微信或支付宝图标，无须文字说明即可高效打开应用。

突出重要信息与操作：通过形状、颜色和尺寸，图标可突出界面中的关键元素或按钮，引导用户关注。例如，将"购物车"图标设计得更大、更醒目，或用红色星号标注表单必填项。

2）简化界面，提高信息传达效率

节省空间与简化布局：图标比文字占用空间更小，能在有限屏幕内展示更多功能。例如，手机设置界面用图标表示 Wi-Fi、蓝牙、声音等功能，使界面简洁清晰，避免文字过多导致页面布局杂乱。

跨越语言障碍传达信息：图标具有通用性，可跨越语言和文化向用户传达信息。例如，交通指示牌图标（如禁止通行、急转弯）和软件中的"保存""打印"等图标，全球用户都能轻松理解。

3）提升用户体验与操作便捷性

提供直观的交互反馈：图标通过状态变化（如颜色改变或动画效果）向用户提供即时反馈，帮助用户确认操作状态。例如，点击按钮后图标变色或显示加载动画，提示系统已接收并正在处理请求。

引导用户操作流程：一系列图标可直观地引导用户完成复杂流程，使操作更加顺畅。例如，在软件安装过程中，通过安装步骤图标（如下载、安装、完成）明确用户当前及下一步操作。

4）强化品牌形象与一致性

体现品牌特色与价值观：独特的图标设计融入品牌元素（如颜色和形状），强化用户对品牌的印象，传递个性和价值观。例如，星巴克的美人鱼图标、苹果公司的咬了一口的苹果图标，已成为品牌的标志性象征，让用户迅速联想到品牌及其品质。

确保界面一致性：在不同页面或模块中保持图标风格和语义一致，有助于用户建立统一认知，降低学习成本。例如，在电商平台的商品列表页、详情页和购物车页面中，统一的"添加到购物车"图标使用户更容易识别和操作。

2. 图标设计的流程

1）前期准备

（1）确定图标用途和目标受众。

设计任何图标之前，都需要明确其用途和目标受众。图标的用途决定了它要传达的信息类型，例如工具、功能或导航；而目标受众则会影响图标的风格、复杂程度和可识别性。例如，为儿童设计的图标应该更简洁、色彩鲜艳，而为专业人士设计的图标可以更抽象和复杂。

教学视频

（2）收集灵感和头脑风暴。

参考优秀图标设计：许多网站提供高质量图标素材，例如 Iconfinder 和 Dribbble，可以作为设计参考。

从其他领域寻找灵感：除了图标设计领域，还可以从建筑、字体排印、工业设计、心理学、自然等领域寻找灵感，尝试不同的设计方向。

研究设计趋势：了解当前流行的图标风格，例如线条图标、扁平化图标等，可以帮助设计师更好地把握设计方向。

2）设计阶段

（1）采用网格作为模板。

图标设计应该基于统一的网格模板。网格中应该包含安全区域、关键线、边界框等元素。安全区域的设置有助于确保图标在不同背景和布局下都能清晰显示，避免与其他元素相互干扰或被截断。关键线是网格中的核心元素，帮助设计师确定图标元素的位置、大小和比例关系。

设计中可以自己设置图标网格（图 5-19），也可以采用 Android、iOS 平台提供的模板（图 5-20），符合平台标准化的要求，且效率更高。绘制图标时，依据网格来确定每个元素的位置和大小，确保图标的比例和尺寸在整个图标集中保持统一。例如，在设计一系列的功能图标时，所有图标的关键元素都应与网格线对齐，使图标看起来整齐有序，具有连贯性（图 5-21）。这样，当用户在使用包含这些图标的界面时，能够更容易地识别和区分不同的图标，提高用户体验感。

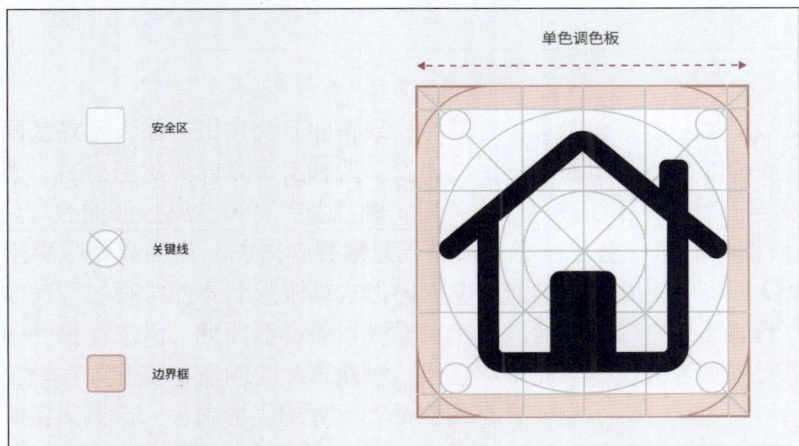

图 5-19　设置图标网格

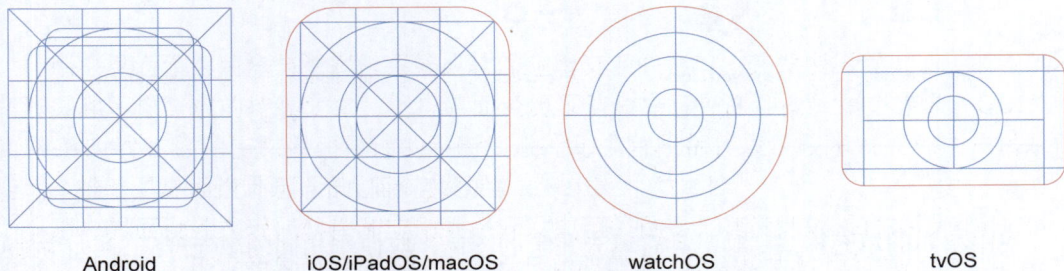

图 5-20　各操作系统的图标模板

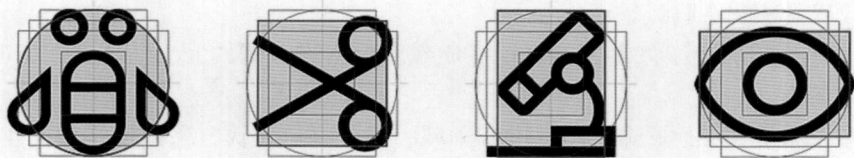

图 5-21   使用模板有助于图标保持一致性

（2）保持一致。

统一线宽：相同的线宽可以使图标在视觉上具有连贯性，让用户能够快速识别出这些图标属于同一组或同一品牌（图 5-22）。

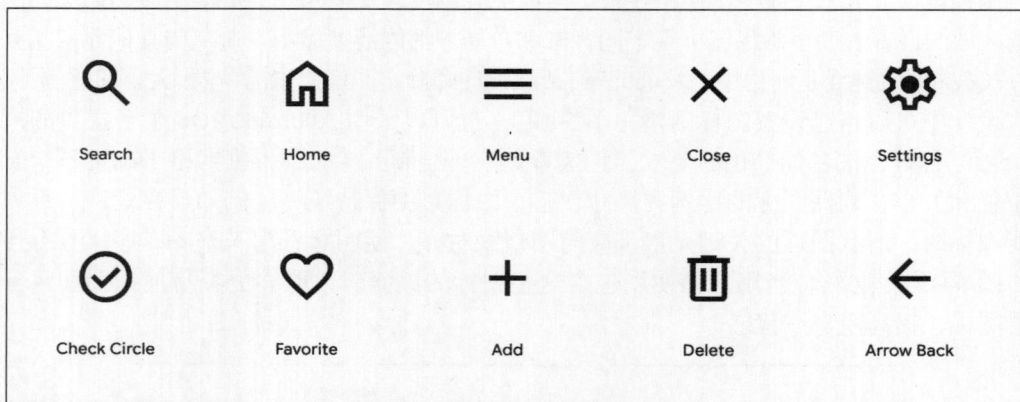

图 5-22   一套图标应该具备相同的线宽

保持相同的圆角：圆角半径的一致性有助于塑造图标集的整体风格。相同的圆角半径可以使图标看起来更加和谐统一，避免因圆角半径差异而导致视觉上的不协调（图 5-23）。

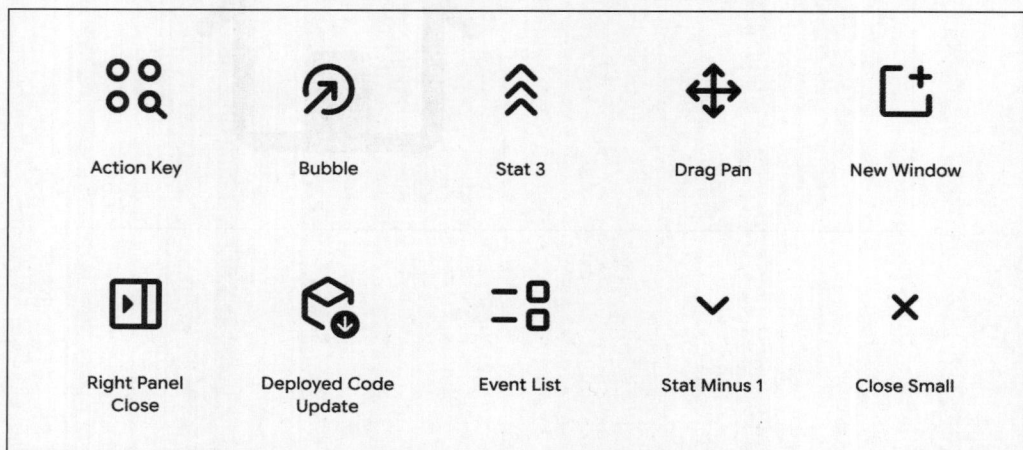

图 5-23   一套图标应具备相同的圆角

使用相同的填充样式：对于具有填充元素的图标，应使用相同的填充样式，包括填充颜色、渐变方式、纹理等方面（图 5-24）。

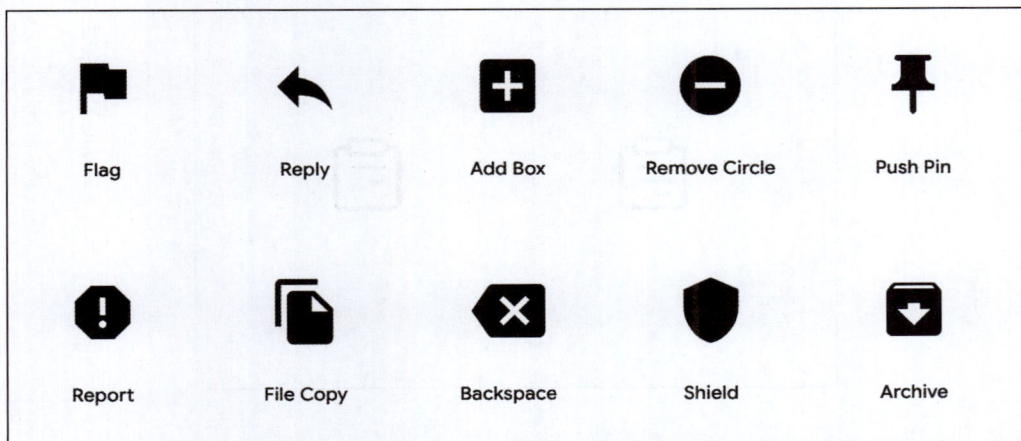

图 5-24　一套图标应具备相同的填充样式

保持细节丰富程度相对一致：在设计一组相关图标时，保持每个图标细节丰富程度的相对一致可以增强图标集的整体性（图 5-25）。避免某些图标过于复杂而其他图标过于简单，这样可能会使图标集看起来不协调。

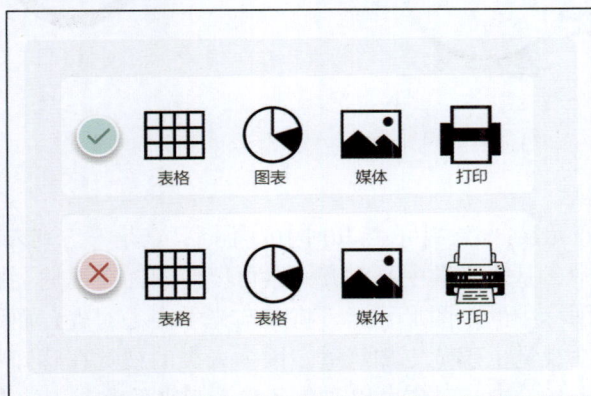

图 5-25　一套图标应具备相对一致的细节丰富程度

（3）尽量简洁清晰。

"少即是多"：在图标设计中，简洁性是关键。去除不必要的细节和复杂元素，使图标能够以最简洁的形式传达其核心含义（图 5-26）。例如，一个表示"点赞"的图标，简单的一个大拇指向上的图形就足以表达含义，无须添加过多的装饰元素。简洁的图标更容易被用户识别和理解，尤其是在小尺寸显示或快速浏览时，复杂的图标可能会使用户产生困惑，降低识别效率。

使用明确的隐喻：隐喻是图标设计中常用的手法，即使用用户熟悉的图形或概念来代表特定的功能或对象（图 5-27）。例如，用一个放大镜图形表示搜索功能，用一个房子图形表示主页。明确的隐喻可以让用户在看到图标时迅速理解其含义，无须额外地解释。在选择隐喻时，要确保其与目标用户群体的文化背景和认知习惯相符，避免因文化差异而导致误解。

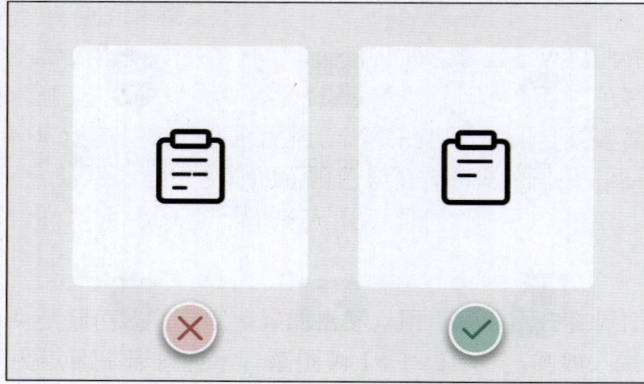

图 5-26　图标应尽可能简洁

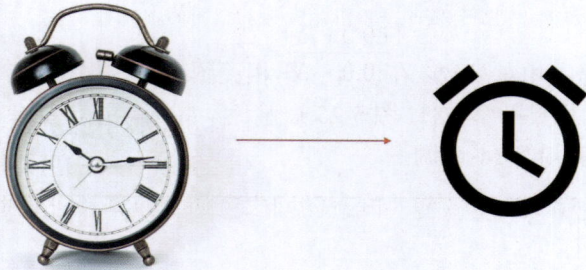

图 5-27　图标可通过隐喻传递清晰的功能需求

（4）做好视觉平衡。

基于光学中心对齐元素：光学中心与几何中心不同，它是考虑到人类视觉感知特点的一个概念。在图标设计中，基于光学中心对齐元素可以使图标在视觉上更加平衡（图 5-28）。例如，对于一个圆形图标中的小图形元素，将其与光学中心对齐，而不是简单地与几何中心对齐，可以让用户在视觉上感觉更加舒适。因为人类的视觉在感知物体时，对于光学中心的敏感度更高，基于光学中心对齐可以避免元素看起来偏移或不协调。

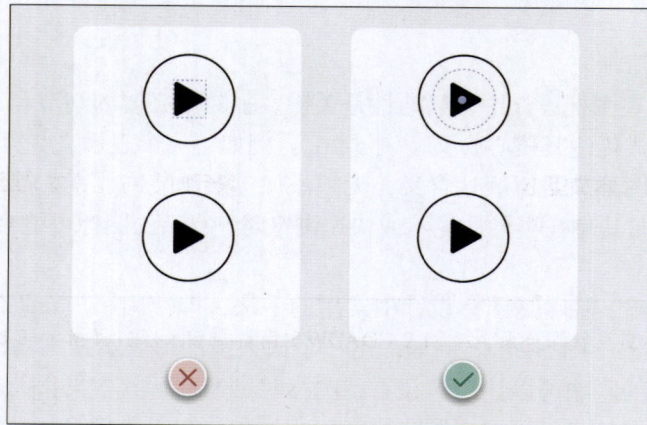

图 5-28　基于光学中心对齐元素可以使图标在视觉上更加平衡

平衡视觉重量：除了对齐元素，还需要平衡图标中不同元素的视觉重量（图 5-29）。视觉重量是指元素在视觉上给人的轻重感，它受到元素的大小、颜色、形状等因素的影响。例如，在一个包含大面积填充颜色和小面积线条元素的图标中，要调整它们的位置和大小关系，使整个图标在视觉上看起来平衡（图 5-30）。如果大面积填充颜色的元素过于集中在一侧，可能会导致图标看起来重心不稳，通过合理分布各元素来平衡视觉重量可以使图标看起来更加稳定、和谐，吸引用户的注意力。

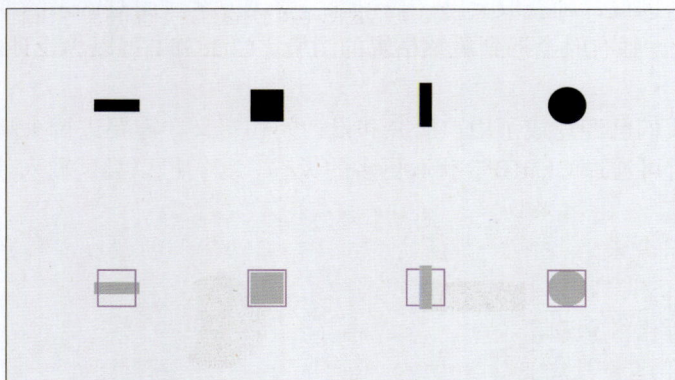

图 5-29　不同图形的视觉平衡

图 5-30　不同形状的图标需要适当调整位置和大小以达到视觉平衡

3）测试和优化

图标设计完成后，应该组织用户进行测试。常用的图标测试有以下三种类型。

（1）可查找性测试：测试用户能否在界面中快速找到目标图标。

（2）识别性测试：测试用户能否正确理解图标的含义和功能。

（3）吸引力测试：测试用户对图标的视觉感受。

通过这三种测试，可以了解图标是否能满足功能性和美观性的需求。根据测试结果，对图标进行相应的调整和优化，直到达到预期的效果。除了用户的直接测试，还可以使用 A/B 测试来比较不同版本的图标在实际应用中的效果，并根据用户反馈不断改进设计。

5.3　人工智能在界面设计中的作用

随着 ChatGPT、Stable Diffusion 等大模型的发展和成熟，AI 在用户界面设计中的应用日益普及，当前的主要方法包括：通过大型语言模型（LLM）生成应用程序 UI、利用视觉语言模型（VLM）搜索大型界面截图库，以及通过训练扩散模型（DM）来生成创意界面。

5.3.1　ChatGPT

ChatGPT 作为一种革命性的 AI 技术，以多种方式深刻影响 UI 设计行业。它不仅能提供灵感、技术指导，还能提高设计效率，推动设计行业的创新与发展。

1. 提供灵感与创意

ChatGPT 可帮助设计师获取灵感、找到创新解决方案。面对紧张的项目进度和不断变化的设计趋势，设计师有时会遇到灵感枯竭的困境。ChatGPT 可以为设计师提供创意建议，提升构思效率。

比如，假设我们已经完成了用户研究和设计问题定义，需要进行头脑风暴以寻找解决问题的方案，此时可通过 ChatGPT 获取更多的灵感。我们可以尝试输入如下提示词。

> 背景：[项目背景]。
> 目标用户：[用户特征]。
> 核心问题：[具体问题]。
> 约束条件：[限制因素]。
> 请提供至少 5 个不同角度的解决方案，每个方案需要：
> • 概述基本思路。
> • 列出主要功能。
> • 分析可行性。
> • 指出创新点。

例如，要设计一个帮助在线教育平台的用户更好地管理学习进度的功能，提高用户的学习效率和完课率。我们可以输入如下提示词。

> 背景：在线教育平台需要提升用户学习效率和完课率。
> 目标用户：25~35 岁在职人群，每周学习时间 3~5 小时。
> 核心问题：如何帮助用户更好地管理学习进度。
> 约束条件：
> • 用户时间碎片化。
> • 需要适应移动端使用场景。
> • 考虑学习动力持续性。
> 请提供创新的解决方案。

这样，ChatGPT 给出了以下三个方案。

> 1. 智能学习规划助手
> • 基于用户日程自动规划学习时间。

- AI 分析最佳学习时段。
- 智能提醒和激励机制。
- 进度可视化展示。

2. 社交学习圈
- 匹配相似进度学友。
- 团队学习目标设定。
- 进度竞赛机制。
- 互助答疑系统。

3. 微进度管理系统
- 将课程拆分为 5~15 分钟微任务。
- 随时打卡完成度。
- 碎片时间推荐。
- 进度追踪数据分析。

这三个方案，分别采用了智能规划、社交激励、游戏化的产品方法，可快速提供大量设计灵感，辅助设计人员进行产品构思。

2. 快速生成文案与语言建议

在文案生成方面，ChatGPT 能够快速生成简洁、有影响力的文案，提升用户体验，并确保语言风格的一致性。尤其是在面向国际市场的应用中，它能提供文化适宜性的建议，避免陷入跨文化设计的误区。以下是一些文案的提示词。

（1）功能介绍文案。

需求：[功能描述]。
目标用户：[用户群体]。
使用场景：[应用场景]。
语气风格：[正式 / 轻松 / 专业等]。
字数限制：[具体限制]。
请生成：
- 标题（2~3 个方案）。
- 功能简介（50 字以内）。
- 核心亮点说明（3~4 点）。

（2）引导提示文案。

场景：[具体交互场景]。
用户状态：[用户当前处境 / 心理]。
目标行为：[期望用户采取的行动]。

限制：[字数/语气要求]。

请提供：

- 主要提示文案。
- 补充说明文案。
- 行动按钮文案。

（3）错误提示文案。

错误类型：[具体错误]。

可能原因：[导致错误的原因]。

期望用户：[用户应该采取的行动]。

要求：

- 语言友好不生硬。
- 提供解决方案。
- 避免技术术语。

（4）空状态文案。

页面类型：[具体页面]。

空状态原因：[为什么是空的]。

期望效果：[希望用户做什么]。

风格要求：[文案风格]。

需要包含：

- 主标题。
- 说明文字。
- 引导按钮文案。

例如，利用如下提示词。

场景：用户完成任务打卡。

用户状态：期待正面反馈。

目标：鼓励持续使用。

风格：积极正向。

请生成：

- 成功提示文案。
- 激励文案。

ChatGPT 输出了以下内容。

> 成功提示：
> "打卡成功！今天的努力已被记录！"
> "干得漂亮！成功完成今日任务！"
> 激励文案：
> "你已经坚持了 3 天，继续保持！"
> "比昨天的自己又进步了一点！"

文案设计是用户体验设计中的重要一环，也恰恰是很多设计人员欠缺的一环。利用 AI 的辅助，设计师可以迅速找到合适的表达方法，无须依赖专业的广告或营销人员，能极大提升设计效率和产品体验。

总之，ChatGPT 通过强大的自然语言处理能力，正在成为推动 UI 设计行业进步的重要力量。它帮助设计师激发灵感、提高工作效率、解决技术难题，并改善用户体验，使设计流程发生了深刻变革并不断创新。

5.3.2　Stable Diffusion

Stable Diffusion（简称 SD）是一款强大的 AI 绘画工具，基于潜在扩散模型（Latent Diffusion Model）开发，能够根据文本提示生成高质量的图像。其核心技术包括文本编码器（ClipText）、扩散模型（U-Net 和 Scheduler）以及图像解码器（VAE）。

在实际设计工作中，仅仅依靠文字提示（Prompt）通过 SD 或 Midjourney 等文生图技术生成可用的素材或作品，往往需要大量的调试时间，这种方式并不完全符合高效设计的需求。因此，在设计实践中，我们通常会结合 SD 的控制功能，配合特定风格的模型和参考图像，以便快速生成符合要求的图像。

应用案例：利用 SD 批量设计图标。

1）确定设计需求与风格

在设计开始之前，需要明确图标的使用场景（如 B 端企业界面、C 端移动应用等）以及视觉风格（如线框、扁平化、3D 或拟物风格等）。根据设计需求与风格，准备相应的灵感板或样例图标，作为后续生成过程的参考素材。

2）准备基础素材

绘制简单的线稿或黑白造型图，这些参考图像可作为输入，指导生成的图标符合所需的基础形状（图 5-31）。

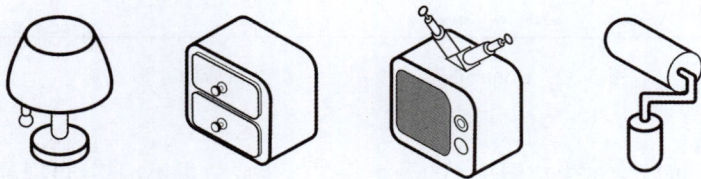

图 5-31　绘制简单的线稿

3）准备模型库

需要准备符合目标风格的模型库。可以自己训练模型，也可以在一些公共平台（如 liblib.art）上选择他人共享的模型。

本例中，我们选择 Checkpoint 模型为"基础算法 _XL.safetensors"，Lora 模型为"3d 卡通世界 Q 版世界"。

4）配置 Prompt（提示词）

在提示词中输入详细的风格描述，确保生成的图标具有明确的风格指向性，如：

> 3dworld, File cabinet, white background

5）SD 控制功能

ControlNet 是 SD 的强大插件，可以将线稿、参考图像或遮罩信息作为生成过程的控制条件。设计师可以通过上传线稿或参考图，指定生成的图标必须遵循的形状或结构。

如图 5-32 所示，我们将第 2 步准备的图标线稿上传，作为图标的外形控制。由于我们的线稿为白底黑线，需要将 ControlNet 中的 Preprocessor 设置为"invert"。

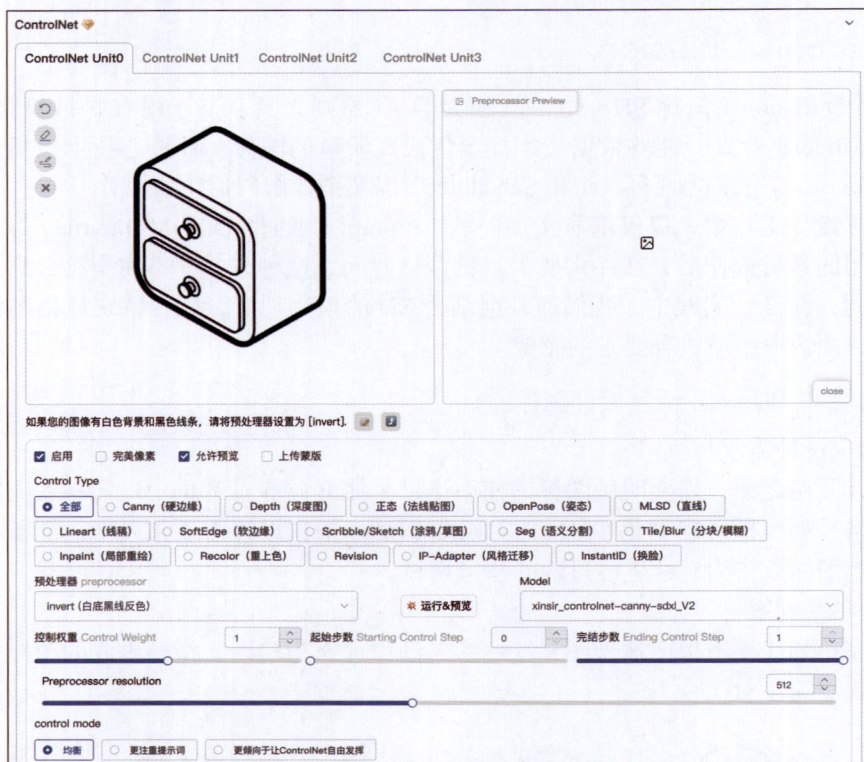

图 5-32   ControlNet 中使用线稿作为图标的外形控制

6）生成图标

设定完成后，可以尝试生成图标。如果某些图标生成效果不理想，可以通过调整提示词、参考图像或模型参数，快速迭代并生成新的结果如图 5-33 所示。

图 5-33　根据线稿生成的图标

7）优化与细化设计

对生成的图标进行筛选，选择最符合需求的方案（图 5-34）。如果生成的图标有细节瑕疵，可以通过设计工具（如 Photoshop、Figma 等）进行进一步的优化和调整。

图 5-34　利用该方法生成的系列图标

5.3.3　智能化 UI 设计工具

除了通用的大语言模型和文生图模型外，传统的 UI 设计工具也逐渐开始将 AI 功能整合以提升设计效率，如 Figma、Framer、Uizard、Motiff 等。

以 Figma 为例，其 AI 功能具备文本生成设计、智能文案助手、开发协作优化以及自动化操作等核心功能。通过结合 AI 技术，Figma 可以显著简化设计工作流程，并帮助设计师专注于更具创意性和策略性的任务。

1. 典型的 AI 设计功能

1）文本提示生成设计

Figma 的文本提示生成设计功能为设计师带来了前所未有的高效体验。在面对一个新项目时，设计师只需输入简洁的文字需求，如"简洁的电商首页设计"，AI 即可快速理解并生成初稿。这项功能有效打破了设计师在从 0 到 1 的创作中遇到的瓶颈，为设计提供了更广阔的探索空间，并激发了设计师更多的创意灵感。

2）智能内容替换

在设计过程中，Figma 的智能内容替换功能可以让设计更贴近真实使用场景。传统的占位符文本往往缺乏表现力，而 AI 可以将这些占位符自动替换为真实且有意义的内容。例如，在电商 App 设计中，AI 能够将占位文本自动替换为具体的商品描述、用户评价等信息，使设计稿更直观地展现最终产品的效果。这一功能可以帮助设计师与客户更精确地评估设计成果，同时提前发现并解决潜在问题。

3）文本自动改写和翻译

在调整文本时，设计师可以借助 AI 精准修改文本的长度和语气。例如，将复杂冗长的文案精简为清晰简洁的文本，或将正式的表达调整为更加亲切活泼的语调。此外，该功能还支持多语言翻译，帮助设计师快速将文本翻译为其他语言。

4）自动化功能

Figma 的自动化功能覆盖了诸多设计细节，包括自动命名、图层整理以及间距自动调整等。自动命名功能能够根据图层内容和上下文智能生成清晰易懂的名称，使设计文件更直观易用。图层整理功能则可自动将混乱的图层重新排列，确保工作流程井然有序。而间距自动调整功能可以根据设计布局自动调整元素之间的距离，使整体设计更加美观协调。

5）AI 生成交互原型

Figma 的 AI 生成交互原型功能显著简化了设计师的工作流程。以往，设计师需要耗费大量时间手动连接界面元素来制作交互原型，而现在只需一键操作，AI 就能快速将静态设计稿转化为可交互原型。设计师甚至可以直接在画布上预览交互效果，及时发现问题并予以解决。

2. 效率与问题并存

以 Figma 为代表的 AI 工具为用户体验设计带来了显著的效率提升。一方面，这些 AI 工具能帮助设计师拓展创意，获取更多设计灵感；另一方面，AI 布局、AI 原型等功能显著减少了机械化的工作。

尽管如此，AI 工具仍存在一些不足。首先，缺乏真正的创新。AI 生成的本质逻辑是根据模型中已有的数据进行匹配和推理，无法实现真正的创新。例如，Figma 的 AI 工具曾因生成的设计图标与苹果天气应用图标过于类似而引发争议，这凸显了 AI 工具在突破现有设计框架和实现原创性方面存在不足，容易陷入对已有设计的模仿。

其次，缺乏以用户为中心的设计考量也是一大问题。尽管 AI 能够快速生成设计方案，但这些设计往往基于现有数据和模式，可能无法充分理解目标用户的特定需求和使用场景。这种局限性可能导致生成的设计缺乏个性化和针对性，难以完全契合实际需求。

思考与练习

1. 某医疗 App 的血压记录界面是白色背景，文字颜色值为 #666666，请使用 WebAIM Contrast Checker 测试当前颜色组合是否符合 WCAG 2.1 AA 标准。

2. 为智能家居 App 设计"节能模式"图标，要求利用隐喻原则设计至少 3 种方案。

3. 使用 Stable Diffusion 生成电商 Banner，针对"设计同质化"风险，给出两条保持品牌独特性的策略。

第 6 章

测试与评估

测试与评估是交互设计流程中不可或缺的一环，它不仅能帮助设计师验证产品的可用性，还能为优化用户体验提供科学依据。在设计不断迭代的过程中，测试与评估通过量化与质化的数据分析，使设计决策更加精准，同时避免了产品上线后的高昂修复成本。

本章将深入探讨可用性测试的理论与实践，涵盖多种测试方法及其适用场景，包括用户行为分析、数据驱动的评估工具，以及结合人工智能技术的智能化测试手段。通过本章的学习，读者将掌握制订测试计划、分析测试结果并优化设计流程，从而为产品提供更加卓越的用户体验，同时提升设计决策的科学性与效率。

6.1 可用性与可用性测试

可用性（Usability）是交互产品 / 系统的重要质量指标，通常意味着在特定环境下的使用质量，或者如 ISO 标准所定义的，"在特定的使用环境中，产品被特定用户有效、高效和满意地使用以实现特定目标的程度"。具体来说，可用性包括以下几个方面。

教学视频

（1）有效性：用户完成特定任务和达到特定目标所具有的正确和完整程度，能够反映产品是否能帮助用户准确地完成任务 / 目标。

（2）效率：用户完成任务的正确和完整程度与所使用资源（如时间）之间的比率，高效的产品能够减少用户完成任务所花费的时间，可大大提升效率。

（3）满意度：用户在使用产品过程中所感受到的主观满意程度、愉快程度，涉及产品的整体体验，包括界面设计、操作流畅度等。

（4）易学性：用户在第一次使用产品时，完成基本任务的难易程度。一个具有良好可用性的产品应该能够快速地让用户上手。

（5）容错性：产品应该能够容忍用户的错误操作，并提供清晰的错误提示和恢复路径，以减少用户的挫败感。

（6）可记忆性：当用户在一段时间内不使用产品后返回时，他们应该能够容易地重新建立熟练程度。

可用性和实用性同样重要，它们共同决定了产品是否有用：如果你不需要某个产品，那么它是否易用并不重要；如果你需要这个产品，但是它使用的难度过高，那么同样无法顺利完成任务。

可用性测试（Usability Test）是指让一群具有代表性的用户使用产品（服务）的设计原型或者成品完成一系列可执行的典型任务时，通过观察、记录和分析用户的行为和感受，以改善产品（服务）使其更加贴近用户习惯的过程。

可用性测试帮助团队模拟真实用户的使用场景，发现产品或服务中的使用缺陷、功能不足或使用困惑点，从而进行针对性改进，提升用户体验。可用性测试的主要目标包括以下几个。

（1）判断受测员能否成功独立完成任务。

（2）在他们尝试完成任务时评估他们的表现和精神状态，以查看产品的工作效果如何。

（3）查看有多少用户喜欢使用它。

（4）确定问题及其严重性。

（5）寻找解决方案。

教学视频

6.2　可用性测试的方法

可用性测试的方法多种多样，从自然测试到非情境化测试，从脚本化测试到混合测试，每种方法都有独特的优势和适用场景。这些方法相互补充，能够从不同角度评估产品的可用性，为设计优化提供全面支持。

6.2.1　自然测试

自然测试是指用户在家或办公室等自然场景（非实验室）中使用产品时所做的测试。自然测试目标是尽量减少研究的干扰，以了解用户接近现实的行为或态度。许多人种学实地研究都属于自然使用测试的类型。常见的方法有 A/B 测试、首次点击测试、日记研究和视线追踪等。

1. A/B 测试

A/B 测试是指发布两个不同版本的设计，根据随机用户的实际使用效果来对比两个版本的优劣。在同一时间维度，分别让组成成分相同（相似）的访客群组（目标人群）随机地访问这些版本，收集各群组的用户体验数据和业务数据，最后分析、评估出最优版本（图 6-1）。A/B 测试的核心原理是假设检验，通过检验实验组与对照组之间指标是否有显著差异来做出决策。

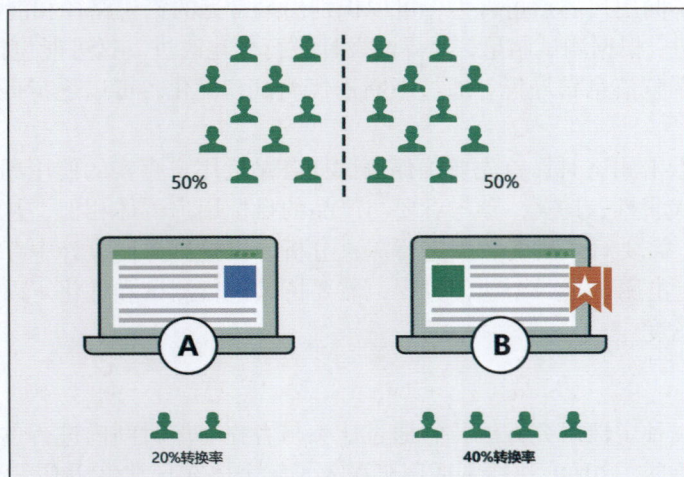

图 6-1　A/B 测试

A/B 测试不仅能以最小风险进行版本更替前的小规模试验，从而预测设计或功能变动对目标受众的潜在影响、提升成功可能性，还能通过用户的实际行为（如点击和转化）来"投票"，使最终选择的版本更贴合用户偏好。同时，数据驱动的决策方式也有效减少了对直觉猜测的依赖，为产品优化和迭代提供更科学的依据。

在进行 A/B 测试时，首先要确保样本量足够大，以降低结果因随机波动而产生不准确性的风险；其次，测试应持续足够长的时间，以捕捉到版本差异及流量或用户行为的周期性变化；再次，要保持测试环境的稳定性，避免外部因素干扰，并通过随机划分样本组来减小潜在的偏差，从而让各版本的表现更加公正；最后，每次测试只应改变一个变量，以便精准评估该变量的影响，多变量同时改变会使结果难以解读。遵循这些原则能使 A/B 测试成为优化产品、提升用户体验并提高转化率的有力工具。

2. 首次点击测试

首次点击测试旨在通过观察用户首次点击的位置和内容，来了解用户对界面元素的识别度和理解度。通过这种方法，可以迅速发现界面设计中可能存在的问题，如按钮位置不明确、导航路径不清晰、信息布局不合理等。这些信息对于优化界面设计、提高用户体验至关重要。首次点击测试的流程如下。

（1）定义任务：需要明确测试任务，即用户需要完成的具体操作或目标。这些任务应该与用户的实际使用场景相关，以反映用户的真实需求。

（2）招募参与者：需要招募一定数量的用户参与测试。这些用户应该与产品的目标用户群体相似，以确保测试结果具有代表性。一般来说，需要 50~100 名参与者以获取有意义的数据。

（3）进行测试：在测试过程中，让参与者完成预定义的任务，并记录他们首次点击的内容。可以使用专门的测试工具（如 Lyssna、Optimal 等）来跟踪用户的点击行为，并生成热图等可视化报告。

（4）分析数据：收集到的数据需要进行深入分析，以发现界面设计中存在的问题和改进点。通过比较不同用户的点击行为，可以识别出最常见的错误路径和混淆点。

（5）优化改进：根据测试结果，对界面设计进行优化改进。这可能包括调整按钮位置、优化导航路径、调整信息布局等。通过不断迭代测试和优化，可以逐步提高用户界面的可用性和满意度。

在进行首次点击测试时，首先要确保测试任务贴近用户真实的使用场景和需求，以保证测试结果具有代表性；其次，参与者要与产品的目标用户群体相似，从而增强测试结果的适用性；再次，需要对采集的数据进行深入分析，以挖掘界面设计中存在的问题和改进点；最后，首次点击测试是一个迭代过程，需要持续进行测试和优化，以不断提升用户界面的可用性和满意度。

3. 日记研究

日记研究是一种定性研究方法，它通过让参与者在一段时间内进行重复的、结构化的自我报告来收集数据。这种方法特别适用于深入了解个体在日常生活或特定情境下的经历、体验、情绪、行为和思想。日记研究的实施步骤如下。

（1）定义研究目标：明确研究的目的和需要收集的数据类型。

（2）选择参与者：根据研究目标选择合适的参与者，并确保他们能够提供有价值的见解。

（3）设计日记模板：创建结构化的日记模板，包括需要记录的关键信息和问题。

（4）培训参与者：向参与者解释如何记录日记，以及研究的目的和重要性。

（5）收集和分析数据：定期收集日记条目，并使用定性分析方法（如内容分析、主题编码）来分析数据。

（6）报告和应用发现：将研究发现整合成报告，并将其应用于产品设计、用户体验改进和市场策略中。

日记研究是一种强大的工具，可以帮助研究者深入了解用户的日常生活和行为模式，从而为产品或服务的设计提供深刻的见解。

6.2.2　非情境化测试

非情境化测试 / 无产品测试可用于生成产品的信息架构或者研究比可用性更广泛的问题，如品牌调性等。常用的非情境化测试方法有卡片分类法、启发式评估等。

1. 卡片分类法

卡片分类法是一种非常实用的用户研究技术，它在设计和优化信息架构时尤为重要。卡片分类法的核心在于通过用户的自然分类习惯来揭示他们对信息组织和理解的方式。卡片分类法分为开放式卡片分类法和封闭式卡片分类法两种，如图 6-2、图 6-3 所示。

卡片分类法的步骤如下。

（1）准备卡片：设计团队需要准备一系列代表不同内容、功能或导航项的卡片。这些卡片上的文字应该简洁明了，能够准确反映其代表的元素。

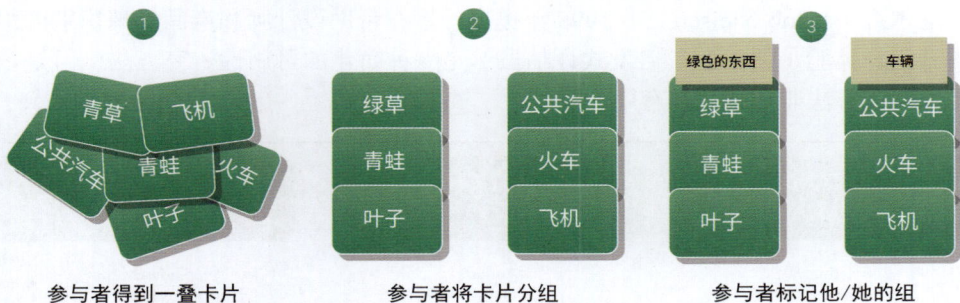

图 6-2 开放式卡片分类法

参与者得到一叠卡片　　　　参与者将卡片分组　　　　参与者标记他/她的组

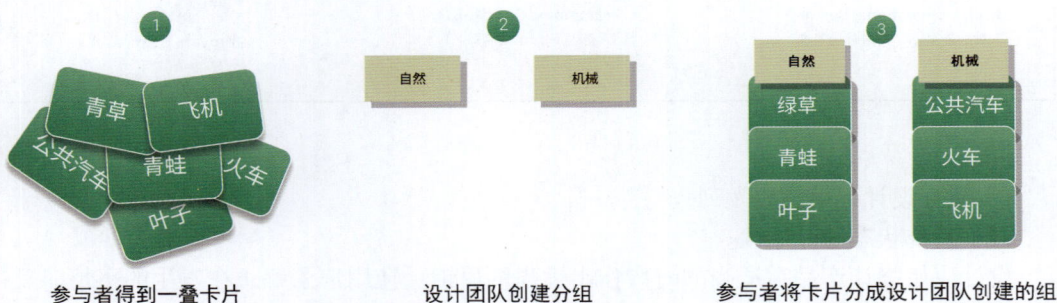

参与者得到一叠卡片　　　　设计团队创建分组　　　　参与者将卡片分成设计团队创建的组

图 6-3 封闭式卡片分类法

（2）选择参与者：选择具有代表性的用户群体作为参与者。这些用户应该能够代表目标用户群体，并对所研究的产品或服务有一定的了解或使用经验。

（3）进行卡片分类：

①开放式卡片分类法：在开放式卡片分类法中，参与者被要求自由地将卡片分为他们认为有意义的类别，并给这些类别命名。这种方法能够揭示用户如何自然地理解和组织信息，但结果可能因参与者而异，需要设计团队进行汇总和分析。

②封闭式卡片分类法：在封闭式卡片分类法中，设计团队会先提供一些预定义的类别，然后让参与者将卡片放入他们认为最合适的类别中。这种方法有助于评估设计团队提出的信息架构方案是否符合用户的期望，但可能会限制用户的创造力。

（4）收集和分析数据：无论采用哪种卡片分类方法，都需要收集参与者的分类结果和命名，并进行深入分析。这包括统计每个类别包含的卡片数量、参与者之间的共识和分歧等，以了解用户的信息组织偏好和潜在的认知模式。

（5）优化信息架构：根据卡片分类的结果，设计团队可以优化信息架构，使其更符合用户的期望和需求。这可能包括调整类别结构、修改命名或重新组织内容等。

卡片分类法不是根据我们对产品的理解来构建我们的网站或应用程序，而是允许信息架构反映我们的用户的思维方式。这是在设计过程早期使用的一项很好的技术，因为它相对简单易行，不需要复杂的设备或技术支持。

2. 启发式评估

尼尔森的十个启发式原则是评估用户界面和用户体验设计的重要标准。这些原则由雅各布·尼尔森（Jakob Nielsen）于 1995 年提出，旨在帮助设计师和产品经理识别可用性问题并提升用户体验（图 6-4）。启发式评估虽然是一种简化的可用性研究方法，但是多个研究已经证明该方法非常高效和有用。

UNDERSTANDING 理解	ACTION 操作	FEEDBACK 反馈
Consistency 一致性	Feedom 自由	Show Status 显示状态
Use Familiar Metaphors &Language 使用熟悉的隐喻和语言	Flexibility 灵活	Prevent Error 预防错误
		Support Error Recovery 支持错误矫正
Clean &Functional Design 设计要简洁，并具备功能性	Recognition Over Recall 辨认比记忆更高效	Provide Help 提供帮助

图 6-4   启发式评估的主要内容

1）交互设计可用性启发列表

（1）系统状态的可见性。

设计应始终让产品在适当的时候作出适当的反馈，让用户了解正在发生的事情。反馈使用户能够了解任务的进展情况，可减少用户的焦虑。设计应该：

① 向用户清楚地传达系统的状态是什么——在不通知用户的情况下，不应采取任何对用户造成后果的行动。

② 尽快（最好是立即）向用户提供反馈。

（2）系统与现实世界的匹配。

设计应该使用用户的语言，即使用用户熟悉的单词、短语和概念，而不是内部行话。遵循现实世界的惯例，使信息以自然和合乎逻辑的顺序出现。

当设计遵循现实世界的习惯或感受，并对应于期望的结果时，用户更容易学习和记住界面的工作原理。这有助于建立一种直观的体验。设计应该：

① 确保用户无须查字典即可理解文案含义。

② 永远不要假设我们对文案或概念的理解会与用户的理解相匹配。

③ 用户研究将帮助我们发现用户熟悉的术语，以及他们围绕重要概念的心理模型。

（3）用户控制和自由。

用户不可避免地会犯错误，他们需要一个"紧急出口"来退出不需要的操作，而无须将整个流程走完。

当人们很容易退出流程或撤销操作时，会给用户一种自由和自信的感觉。退出允许用户保持对系统的控制，避免卡住和使用户感到沮丧。设计应该：

① 支持撤销和重做。

② 退出功能有清晰的指示，易被发现。

（4）一致性和标准。

不要让用户怀疑不同的词语、情况或行为是否意味着相同的事情。遵循平台和行业惯例。人们大部分时间都在使用其他的数字产品。用户对其他产品的体验设定了他们的期望。

未能保持一致性可能会迫使用户学习新事物，从而增加用户的认知负担。设计应该：

① 通过保持两种类型的一致性来提高可学习性：内部和外部一致性。

② 保持单个产品或产品系列的一致性（内部一致性）。

③ 遵循既定的行业惯例（外部一致性）。

（5）错误预防。

错误提示很重要，但最好的设计是一开始就尽量防止问题发生。要么消除容易出错的条件，要么先向用户提供确认选项，再提交操作。

用户的错误有两种类型：失误和意识性错误。失误是由于注意力不集中而导致的无意识错误，如填错自己的电话号码。意识性错误是用户心智模型与设计不匹配导致的，如用户点击红色的按钮想取消操作，但是产品却将其设计为确认按钮。设计应该：

① 优先防止意识性错误，然后再避免失误。

② 通过提供有用的约束和良好的默认值来避免失误。

③ 通过减轻认知负担、支持撤销和警告用户来防止错误。

（6）识别而不是回忆。

通过使元素、操作和选项可见，最大限度地减轻用户的记忆负荷。

用户在不同的页面或页面中不同的部分跳转时，不必记住所需要的信息。人类的短期记忆有限。提供足够识别性信息的界面减少了用户所需的认知工作量。设计应该：

① 让人们在界面中识别信息，而不必记住（回忆）它。

② 在上下文中随时提供帮助，而不是给一个冗长的教程。

③ 减少用户必须记住的信息。

（7）使用的灵活性和效率。

产品的快捷操作，如快捷键等，可以加快专家用户与产品的交互速度，又不会干扰新手用户。

这样设计可以同时满足没有经验和有经验的用户的需求。操作流程要灵活，允许以不同的方式进行，这样人们可以选择适合自己的任何方法。设计应该：

① 提供键盘快捷键和触摸手势等操作方式。

② 通过为个人用户定制内容和功能来提供个性化服务。

③ 允许自定义，这样用户可以以理想的方式工作。

（8）运用美学和简约设计。

界面应只包含必要的信息。

界面中每一个额外的信息单元都会与相关的信息竞争并降低它们的相对可见性。确保将内容和视觉设计集中在基本要素上，确保界面的视觉元素支持用户的主要目标。设计应该：

① 让界面的内容和视觉设计专注于本质。

② 不要让不必要的元素分散用户的注意力。

③ 优先突出支持主要目标的内容和功能。

④ 文字的字体、大小、行距设置应该使用户易读。

（9）帮助用户识别、诊断和从错误中恢复。

错误信息应该用通俗易懂的语言表达（不要用错误代码），准确地指出问题，并建设性地提出解决方案。

这些错误消息还应提供视觉化的处理,以帮助用户注意和识别它们。设计应该:

① 使用传统的错误消息视觉效果,例如粗体、红色文本。

② 用用户能理解的语言告诉他们出了什么问题——避免使用技术术语。

③ 为用户提供解决方案,例如可以立即解决问题的快捷方式。

(10)帮助和文档。

系统最好不需要任何额外的解释。有时可能需要提供文档以帮助用户了解如何完成任务。帮助和文档内容应该易于搜索并专注于用户的任务。保持简洁,并列出需要执行的具体步骤。设计应该:

① 确保帮助文档易于搜索。

② 只要有可能,在用户需要的时候就在上下文中呈现文档。

③ 列出要执行的具体步骤。

2)启发式评估的步骤

(1)计划评估。确定你的可用性目标,并把它们传达给评估参与人员。

(2)选择你的评估人员。如果你的预算有限,即使没有经验的评估人员也会发现22%~29% 的可用性问题——所以新手评估人员总比没有好。另外,五个有经验的评估人员可以发现高达 75% 的可用性问题。

(3)向评估人员简要介绍。如果参与者不是可用性专家,一定要向参与者简要介绍尼尔森的十个启发式检查项目,这样他们才会知道自己在寻找什么。

(4)进行评估。建议每个参与者单独进行测试,以便他们能够根据自己的条件充分探索产品;但有时为了节省时间也可以采用小组评估的方式。无论是单独进行还是以小组的方式进行,最好有 3~5 个参与者。雅各布·尼尔森建议每个评估阶段应该持续一到两小时。如果我们的产品特别复杂,需要更多的时间,最好将评估分成多个阶段。

(5)分析结果。对发现的问题进行优先级评分,并对每个问题提出具有可行性的解决方案。

3)评估记录

评估过程要对每位参与者对每个启发项目的回应进行记录,记录可参考表 6-1 所示格式。

表 6-1　启发式评估记录表

类别	请简单描述问题并说明它为什么是个问题	你是如何发现这个问题的	此问题违反了哪些启发式原则
问题 1			
问题 2			
……			

4)评估报告

参考评估报告的目的是找到当前产品存在的可用性问题,根据其优先级做出修改计划,以在下一个迭代的版本中修复此问题。优先级评估由两部分组成:问题严重性评分和问题修复难易度评分。问题严重性评分分为 5 个等级,分值越高代表问题越严重(表 6-2)。问题修复难易度评分可分为 4 个等级，分值越低代表修复的难度越低（表 6-3）。

表 6-2　启发式评估问题严重性评分表

分值	定　义
0	违反了该原则，但似乎不是可用性问题
1	浅显的可用性问题：可能很容易被用户克服或极不经常发生。除非有额外的时间，下一个版本无须进行修复
2	次要的可用性问题：可能较频繁地发生或较难克服。在下一个版本中，修复此问题的优先级应较低
3	主要的可用性问题：频繁且持续发生，或者用户可能无法或不知道如何解决问题。修复很重要，因此应给予高度优先权
4	可用性灾难：严重损害产品的使用，用户无法克服。在产品发布之前必须解决此问题

表 6-3　启发式评估问题修复难易度评分表

分值	定　义
0	问题将非常容易解决。可以在下一个版本之前由一个团队成员完成
1	问题很容易解决。涉及具体的界面元素和解决方案是明确的
2	问题需要一些努力来修复。涉及界面的多个方面，或者需要开发人员团队在下一个版本之前完成更改
3	可用性问题很难解决。在下一个版本之前需要集中开发工作才能完成，涉及接口的多个方面。解决方案可能不会立即显而易见，或者可能会有争议

启发式评估报告的内容主要包括以下几点。

（1）概览表：可用表格的形式对问题进行总结分析（表 6-4）。
（2）问题描述：描述此问题，并说明违反了哪一条启发规则。
（3）证据：与此问题相关的设计、文案等。可提供截图和说明。
（4）建议：修复此问题的可行建议。

表 6-4　启发式评估问题概览表

序号	问题	问题严重性评分	问题修复难易度评分	启发式原则	修复建议

6.2.3　脚本测试

脚本测试是指测试前将测试流程、测试任务、访谈问题等内容编写成测试脚本，并在测试中严格执行以确保测试效果的方法。根据不同的研究目标，脚本的详细程度会有很大差异。例如，基准测试通常需要严格的脚本，生成量化的测试结果，才能用于不同版本产品的可用性的比较。

常用的脚本测试方法有树状测试、游击测试、可用性基准测试等。

1. 树状测试

树状测试是一种通过模拟用户在实际网站中查找信息或功能的过程，评估网站导航结构的有效性和用户友好性的方法。树状测试是卡片分类的一个很好的后续，其目的在于验证卡片分类法产生的网站架构的合理性，了解用户对网站导航的理解和使用情况，从而对网站架构进行优化和改进。

树状测试非常灵活，可以使用思维导图，让用户使用点击的方式进行测试，也可以采用专业的树状测试工具进行测试（图 6-5）。这些工具可以在电子表格中填入主类别和子类别等信息，然后自动生成一个可点击的测试树。测试工具会记录测试人员点击了哪里、点击花费的时长、点击的顺序以及有多少人点击正确等信息。

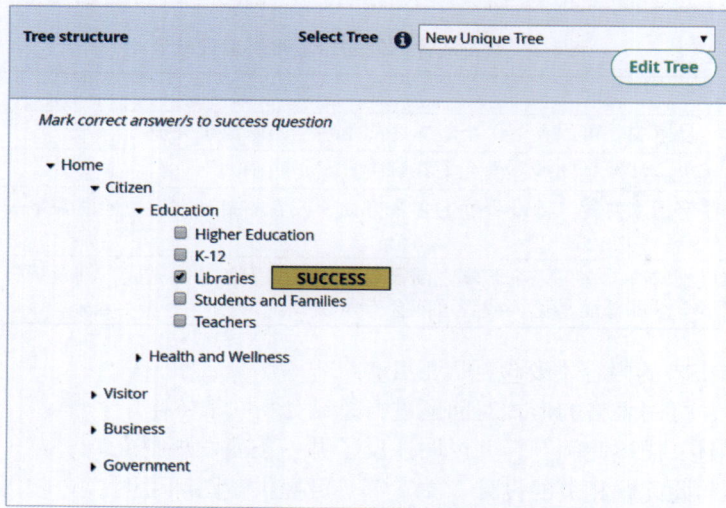

图 6-5　树状测试

2. 游击测试

游击测试，亦称为走廊测试，是一种在高人流量区域进行的可用性测试方法，它通常邀请偶然的旁观者参与测试产品。这种测试方式快速、非正式，几乎可以在任何地点实施，为团队提供了与多样化测试参与者互动的宝贵机会。通过邀请五个人参与这样的测试，我们将能够发现设计中 95% 的可用性问题。

与传统的正式可用性测试相比，游击测试的成本极低，它允许团队在设计的早期阶段迅速验证假设。游击测试的价值在于即时性和灵活性，它使设计团队能够快速收集用户反馈，及时调整和优化产品设计。这种方法特别适合初创公司和资源有限的团队，因为它能够在不降低产品质量的情况下，以较低的成本实现高效的用户测试。通过这种方式，团队可以确保他们的产品在面向更广泛的用户群体之前，已经过精心的调整和改进。

3. 可用性基准测试

可用性基准测试是一种系统化的方法，用于评估和测量产品或服务的用户体验，以便与既定标准或竞争对手进行比较。这种方法有助于识别改进领域，并评估设计更改的有效性。

1）可用性基准测试的关键部分

建立基线：基准测试设置可用性指标的基线，这些指标作为未来比较的参考点。这涉及测量关键绩效指标，例如任务成功率、任务完成时间和用户满意度水平。

比较分析：比较测试评估产品相对于竞争对手的表现。这可以揭示设计和功能上的优缺点，从而指导未来的改进。

定量和定性数据：测试过程通常收集定量数据（如完成率和错误数量）和定性见解（用户反馈），提供用户交互的全面视图。

2）选择测量内容与指标

进行基准测试之前，首先要确定测试内容，根据不同的测试内容制定不同的可用性指标。测试内容主要考虑三个方面：针对的产品、针对的用户群、要衡量的任务或功能。根据这些内容可以列出对应的测试任务，根据任务的优先级选择 5~10 个重要的任务。

确定好测试任务后，可以根据 Google 的 HEART 框架选择每个任务的测试指标。HEART 提供了五个方面的测试指标（表 6-5）。

表 6-5　Google HEART 框架

测 试 指 标	说　　　明	指　标　例　子
乐趣（Happiness）	衡量用户态度或看法	满意度评级 易用性等级 净推荐值（NPS）
参与（Engagement）	用户参与级别	平均会话时长 功能打开率 转化次数
接受（Adoption）	对产品、服务或功能的初步接受程度	下载率 注册率 转化率
留存（Retention）	现有用户返回并在产品中保持活动状态的状况	回访用户 流失率 续订率
任务效率（Task effectiveness and efficiency）	效率、有效性和错误	每用户错误率 每用户的任务完成率 / 未完成率 任务完成时间

为每个任务选择适当的指标，并在较长的时间内反复收集这些指标。指标尽可能覆盖用户体验的多个方面，如乐趣和任务效率等。比如，假设我们的任务是评估用户执行产品或系统的主要功能，那么相关的指标可以包括以下几方面。

（1）任务成功率：衡量用户成功完成任务的比例。

（2）任务完成时间：记录用户从开始到完成任务所花费的时间。

（3）错误数量：统计用户在执行任务过程中所犯错误的数量。

（4）用户满意度：通过问卷或评分系统，评估用户对任务执行过程的满意程度。

（5）净推荐值：衡量用户在完成任务后，愿意向他人推荐产品或服务的程度。

（6）功能使用情况：分析用户在完成任务过程中使用特定功能的频率和方式。

3）选择研究方法

在确定收集指标的方法时，我们必须考虑研究方法所需的时间、成本、相关研究人员的技能以及可用的研究工具。不要制订一个成本太高而无法长期维持的测量计划，因为基准测试的整个思路是重复测量，若无法长期维持将无法获得数据比较结果。

有 3 种研究方法适用于可用性基准测试：定量可用性测试、分析和调查数据。定量可用性测试是通过研究参与者在系统中执行测试任务，收集用户在完成这些任务时的表现的指标（例如完成任务的时间、成功率和满意度等）。分析是对系统自动收集的数据，如放弃率和点击量等进行分析。调查是通过访谈的形式了解用户的行为或意见，收集满意度评分、推荐值等指标。

4）收集第一个测量值，建立基线

建立基线之前，先进行试点研究以收集初始数据样本并进行初步分析，以确保我们的方法是合理的，并且数据可以回应研究目标。根据试点研究的结果调整测试任务、指标以及研究方法。

收集第一组测量值时，需要考虑可能影响数据的外部因素。例如，如果测试的是电子商务网站，则要警惕类似营销活动或者重大节假日对产品销售数据的影响。收集的第一组数据可以与竞争对手、行业基准或者利益相关者目标进行比较，以了解产品的初始状态。

5）解释调查结果

在收集了两组以上的测量值之后，就可以解释我们的发现了。我们需要使用统计方法来确定数据中的差异是真实存在的还是随机噪声造成的。例如，针对设置智能音箱的任务，假设使用定量可用性测试和调查来收集任务完成时间、成功率和易用性等级，表 6-6 概述了我们初始设计和重新设计的假设指标。

表 6-6　一个任务的两个设计版本的测量结果

测 量 内 容	初始设计	重新设计
平均任务完成时间 / 分钟	6.28	6.32
平均成功率	70%	95%
平均易用性等级 （1 非常难 ~7 非常容易）	5.4	6.2

由表 6-6 可知，重新设计之后，平均任务完成时间基本一致，但是平均成功率和平均易用性等级提升都很大，证明重新设计是成功的。

6.2.4　混合测试

混合测试是指包含一个或多个类别（脚本化、去情境化、自然测试）元素的测试方法。混合测试使用创造性的方法来识别用户想要的产品体验或功能，有时甚至允许用户直接参与设计。

混合测试方法有合意性研究、定性量表问卷等。

1. 合意性研究

视觉设计对于用户界面和产品非常重要，视觉元素可以支持产品的交互设计，也可以引起用户的情感反应。这种情感反应形成的第一印象会影响用户对产品或应用程序效用、可用性和可信度的感知。合意性研究通过定量和定性研究的组合，以相对严谨的方式评估用户对美学和视觉吸引力的态度。合意性研究能够解决两个问题：第一，告知设计团队为什么不同的设计方向能够引发目标用户特定的反应（为了完善设计方向）；第二，精确测量针对特定形容词（如品牌特性）的视觉设计方向，从而帮助做出最后决策。

5 秒测试是一种快速而简单的合意性研究，用于评估用户对网站、应用或产品界面的第一印象和感知。这种测试方法强调在短时间内（通常是 5 秒）让用户浏览界面，并立即询问他们的感受和印象。5 秒测试的主要目的是快速识别用户对界面设计的直观感受和第一印象，帮助设计团队识别潜在的问题或改进点。

5 秒测试中，您可以将产品的一部分（一个屏幕，可能是它的上半部分）给用户展示 5 秒，然后询问他们以下问题，看看他们从中得到了什么。

（1）你对这个产品 / 页面的第一印象是什么？

（2）你认为这个产品 / 页面的目的和主要功能是什么？

（3）你能在这个页面上找到你想要的信息或功能吗？

（4）你觉得这个产品 / 页面有哪些地方可以改进？

通过这种方法，可以了解用户对界面布局的吸引力、信息的可读性、导航的直观性等方面的初步评价。您可以非常简单地亲自进行此类测试，也可以使用 UsabilityHub 等工具远程进行测试。

进行 5 秒测试时，首先需要严格在 5 秒内展示界面，避免用户有充足时间进行深入思考。其次，问题的设计应简洁明了，以便快速获取用户的初始感受与印象。再次，选择具有代表性的目标用户进行测试，才能更准确地反映其需求与偏好。最后，在收集反馈时应注重客观与全面，避免主观揣测或忽视重要信息，从而获得更可靠的测试结果。

2. 定性量表问卷

1）系统可用性量表（SUS）

系统可用性量表是测试后可用性问卷的一种，由 DEC 公司的约翰·布鲁克（John Brooke）在 1986 年发布，目前已经成为一种行业标准，广泛用于硬件、软件、网站、移动应用等领域的可用性测试。

SUS 共有 10 个题目，奇数项是正面描述题，偶数项是反面描述题，答题采用奇数的 5 分制。SUS 中正反向问题相结合，具有泛应用的可用性与易用性题型，在业内具有大量应用数据为基础，不论是客观性、灵敏度、可量化还是信度都具有较高的水准，这也是 SUS 能够成为可用性测试后问卷最主流的原因。

系统可用性量表由以下 10 个题目组成。

（1）我想经常使用这个系统。

（2）我发现系统不必要地过于复杂。

（3）我认为该系统易于使用。

（4）我认为我需要技术人员的支持才能使用这个系统。

（5）我发现这个系统很好地继承了各种功能。

（6）我认为这个系统有太多的不一致之处。

（7）我想大多数人会很快学会使用这个系统。

（8）我发现该系统使用起来非常麻烦。

（9）我对使用该系统感到非常有信心。

（10）在我开始使用这个系统之前，我需要学习很多东西。

题目的答案设置参考李克特量表，以 1~5 分代表"非常不同意"到"非常同意"（图 6-6）。

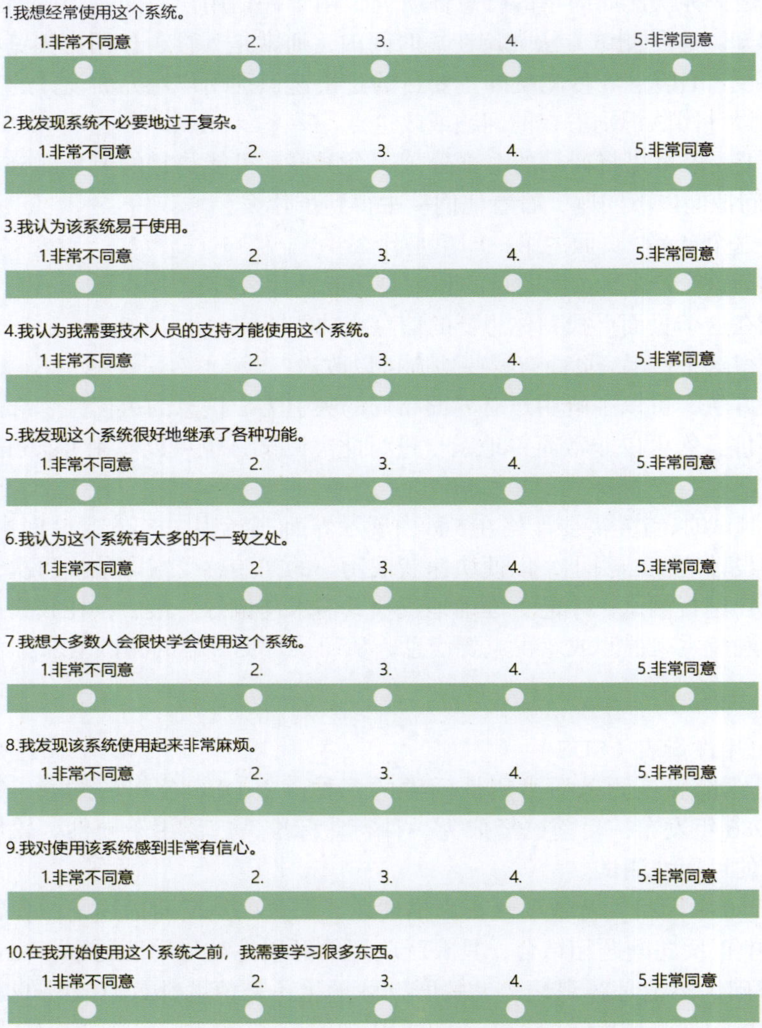

1.我想经常使用这个系统。

1.非常不同意	2.	3.	4.	5.非常同意

2.我发现系统不必要地过于复杂。

1.非常不同意	2.	3.	4.	5.非常同意

3.我认为该系统易于使用。

1.非常不同意	2.	3.	4.	5.非常同意

4.我认为我需要技术人员的支持才能使用这个系统。

1.非常不同意	2.	3.	4.	5.非常同意

5.我发现这个系统很好地继承了各种功能。

1.非常不同意	2.	3.	4.	5.非常同意

6.我认为这个系统有太多的不一致之处。

1.非常不同意	2.	3.	4.	5.非常同意

7.我想大多数人会很快学会使用这个系统。

1.非常不同意	2.	3.	4.	5.非常同意

8.我发现该系统使用起来非常麻烦。

1.非常不同意	2.	3.	4.	5.非常同意

9.我对使用该系统感到非常有信心。

1.非常不同意	2.	3.	4.	5.非常同意

10.在我开始使用这个系统之前，我需要学习很多东西。

1.非常不同意	2.	3.	4.	5.非常同意

图 6-6　SUS

可用性量表的分数计算方法如下。

（1）所有奇数编号题目得分减一后相加。

（2）所有偶数编号题目得分由五减去后相加。

（3）将奇数项最终得分加偶数项最终得分后乘以 2.5 即最终 SUS 得分。

（4）将所有参与者的总分予以平均得出本产品的最终分数。

SUS 分数可以用于横向或纵向对比，以比较相对于其他同类产品或者本产品的历史版本的可用性。SUS 的使用范围大，有大量行业数据可供衡量。一般来说，SUS 得分超过 68 分可被视为高于平均水平。

2）单项难易度问卷（SEQ）

一般在可用性测试中，在用户完成一个任务之后可进行单项难易度测试，用于了解用户对这个任务难易度的总体感受（图 6-7）。

SEQ 有如下两个作用。

（1）可以横向比较整个测试中哪些任务是有问题的。

（2）用户刚刚完成任务，只需用很少的时间和精力回答这个问题，所以结果相对客观。

1.非常困难　　　　2　　　　3　　　　4　　　　5.非常简单

图 6-7　SEQ

6.3　计划与实施

可用性测试流程是一个系统而详细的过程，旨在确保产品能够满足用户的真实需求并提升用户体验。可用性测试的计划与实施分为五个阶段：准备阶段、预测试阶段、正式测试阶段、结果分析阶段、优化方案阶段。在某种程度上，计划可用性测试的细节是整个过程最关键的部分。研究人员在测试过程开始时做出的决定将决定继续进行的方式以及最终获得的结果。

教学视频

6.3.1　准备阶段

明确测试目标是可用性测试的主要目的。需要确定可用性测试的问题焦点，需要尽可能地精准、清晰、可测量、可观察，比如关于功能点、界面、流程等，分清主次。

在选定研究目标之前，首先应明确一些关键问题：你希望解决什么问题？研究的结果将如何影响设计决策？如果是在设计初期进行研究，目标应聚焦于帮助团队了解开发该产品的必要性，以及用户是否真正需要此类应用程序。如果是在设计阶段进行研究，则应明确如何构建产品，确保其符合用户需求。若在产品推出后进行研究，目标则是评估产品是否如预期般有效地达成目标。研究目标不宜过于模糊，比如"获得产品反馈"这类目标，容易导致结果分散，无法得出明确的结论。

1）制订测试计划

在主导测试项目时，首先需要准备一份测试计划，并随着项目的推进不断加以完善。这个过程应注重收集反馈并进行循环改进。当然，计划的灵活性是有限的，研究人员必须在测试前设定一个明确的时间节点，确保在此之后测试计划不会再作调整。同时，测试的产品也应在该时间节点后冻结，禁止做任何改动，直至测试结束，以确保测试数据的可靠性。

制订测试计划的详细步骤包括：确定测试目标和对象，明确研究问题，选择适当的测试方法，制订测试流程，安排测试时间，以及分配测试人员的角色与职责。针对测试目标和范围，还需选择合适的测试方法，例如实验室测试、远程测试或跟踪用户测试等，以确保测试的有效性和针对性。

2）设计测试脚本和任务

测试脚本不仅是测试主持人引导测试和与参与者交流的文案，更是确保测试顺利进行的指南。编写测试脚本有诸多好处，包括：可以在测试前与团队成员预览任务和话题，确保所有人对测试目标和流程有清晰的认识；为测试中的沟通制订路线图，避免主持人临时思考和即兴发挥；在不同的测试参与者之间保持一致的问题和任务，确保测试数据的可靠性和可比性；帮助确定会议所需的时间，以便合理安排测试进程等。

3）招募参与者

有了测试方法与计划，就可以招募参与者了。参与者应该是产品或服务的一个真实的或潜在的用户。参与者的专业知识、计算机经验及对被测系统的熟悉程度应该具有代表性，与现有或潜在用户的背景一致。

可以通过线上问卷、招募公司或产品用户库等渠道招募参与者，并附上相应酬劳或福利。应该列举出需要招募的人群的主要特征，如年龄、职业、行为习惯等，通过这些特征来筛选出目标用户。

在探讨用户体验测试的参与者规模时，尼尔森的研究提供了一个重要的参考点：通常，五到八名参与者足以进行有效的测试，并给出有深度的反馈。虽然增加参与者数量能够为研究增添价值，但是，一旦参与者的数量超过某个临界点，其边际效益将开始显著下降。

4）准备测试物资和场地

准备测试物资：准备好记录材料（如录音笔、摄像机）、打分表、录音机、摄像机、眼动仪等。除了测试设备外，还可以准备一些小礼物，可以减轻参与者的心理顾虑和隔阂，更能进入状态。

预定场地：预定好会议室或其他合适的测试场地，设定好观察区域和测试区域，保持测试场地的干净整洁，可以让参与者心情放松。

5）关键指标

在可用性测试过程中，应该关注一系列关键指标，以确保产品能够满足用户的需求并提供良好的用户体验，可参考表 6-5 中的关键指标类型。

（1）任务成功率。任务成功率是指测试人员或用户完成测试任务的比例，用于评估产品的易用性和用户体验。任务完成率越高，说明产品的易用性越好。

（2）任务完成时间。任务完成时间是指测试人员或用户完成测试任务所需的时间，用于评估产品的响应速度和用户体验。任务完成时间越短，说明产品的响应速度越快，用户体验越好。

（3）用户满意度。用户满意度是指用户对产品的满意程度，通过问卷调查等方式进行评估。用户满意度越高，说明产品的用户体验越好。

（4）错误率。错误率是指测试人员或用户在完成测试任务时出现错误的比例，用于评估产品的易用性和用户体验。错误率越低，说明产品的易用性和用户体验越好。

设计的错误可以分为两种：关键错误和非关键错误。关键错误会妨碍用户完成任务，而非关键错误只会降低用户完成任务的效率。

（5）用户反馈。用户反馈是指用户在使用产品时提出的建议和意见，通过问卷调查、访谈或跟踪用户测试等方式进行收集。用户反馈可以帮助产品团队了解用户的需求和使用习惯，以改进产品的设计和功能。

（6）放弃率。放弃率指的是放弃继续使用产品的用户所占比例。放弃的原因有可能是用户不知道如何操作，也有可能是感到无聊，这都是迭代设计时要着重考虑的。

（7）转化率。转化率是完成某个期望性动作的用户所占比例，比如有多少用户在浏览产品后完成了购买。一般来说，转化率越高越好。

6.3.2　预测试阶段

预测试是指把测试设备、测试脚本都准备好，按照正常测试流程走一遍，尽可能地模拟真实环境。用户的可行性测试通常是不可逆的，模拟预演可以最大程度避免失误。

预测试的结果也要写进分析报告中，非百分之百的真实用户提出来的体验问题也是具有参考意义的。预测试结束后，需要问一下被测用户在整个流程中是否有不适的地方，哪些环节是我们需要完善的。主持人和项目组讨论复盘整个流程和所有文档。

复盘后改动的工作量可能比较大，所以预测试和正式测试最好不要放在同一天进行，这样会有比较充足的时间修改和打印资料。

6.3.3　正式测试阶段

用户根据测试大纲和脚本执行设定的任务。至少需要两个工作人员，其中一个是主持人，另一个是观察记录员，主持人的主要工作是提供任务引导、询问问题，观察记录员主要负责观察用户的操作路径、言语内容、表情、任务完成情况。

正式测试开始前，先向测试用户简要介绍测试目的、流程和注意事项，确保他们理解并同意参与测试。让参与者按照预定的任务顺序进行操作，同时观察他们的行为、记录他们的反馈和遇到的问题。观察记录员应仔细观察用户的操作过程，记录他们的行为细节（如点击位置、操作顺序）、言语反馈（如自言自语、评价）、非言语反馈（如表情、肢体动作）以及遇到的问题和困难。

必要时可以引导用户说出他们的思考过程，在适当的时候深入问询用户，帮助用户表达潜在的意图和感受，以获取更深入的见解。尽量避免在用户操作时提供过多帮助或建议，以免干扰测试结果的客观性。

测试过程中需要注意以下几点。

（1）要使用清晰、中立的说明，避免使用引导性语言，要确保问题容易被理解。

（2）一定要注意参与者的口头暗示和肢体语言。有时参与者不会明确表示他们感到困惑，但熟练的观察人员可以通过参与者的行为来判断。

（3）不要说太多，尽可能少地干扰参与者的测试过程。设定任务后，让参与者说出自己的想法，并静静地观察他们的行为。

（4）尽量保持言语和肢体语言的中立。不要过多地同意或不同意参与者的做法或意见，这样做可能会影响他们的最终意见。

（5）不要控制任务。测试开始后，参与者应该完全控制测试过程。永远不要拿起他们的鼠标或为他们导航。

（6）不要过多地看参与者的屏幕，避免参与者因为紧张而影响他们的行为。

6.3.4　结果分析阶段

在测试过程中，应实时收集并整理相关数据。测试完成后，分析所有数据（包括定性数据和定量数据），总结报告并推动完善产品。

研究人员需要对信息表进行整理，包括任务测试记录表和可用性问题汇总表，并对收集到的数据进行整理和分析，识别问题和机会点。

可以通过 Excel 表格对测试中出现的问题进行整理，内容可以包括以下几方面。

（1）问题分类：让人一目了然，清晰地看出问题点，推动改进。

（2）问题重要度：按照问题严重程度对问题进行优先级排序。

（3）关键问题：核心障碍，用户无法顺利完成任务或想要放弃使用。

（4）重要问题：一般障碍，部分用户使用体验差，影响用户操作、效率降低。

（5）次要问题：边缘障碍，个别用户使用体验较差，但仍能正常完成任务操作。

（6）问题描述：好的问题描述带有场景、目的、行为、后果，如"当办事流程到需要用户登录时（场景），用户希望选择最快捷的登录方式（目的），因而选择粤省事小程序登录，扫码后人脸识别速度较慢且重复多次扫描才成功（行为），用户感到愤怒并试图放弃（后果）"。

（7）优化建议：从用户角度给出一些优化建议作参考。

6.3.5　优化方案阶段

在测试结束后，需要根据结果与分析撰写详细的测试报告，随后结合报告提出具体的功能优化建议和改进方案，以确保测试成果能够有效指导产品迭代和优化。最后，与相关同事召开会议解读测试报告并同步调研结果，从而最大化地发挥设计调研的价值。

6.4　可用性测试报告

教学视频

可用性测试报告是对测试结果的总结与呈现，它不仅要准确记录测试过程和发现的问题，还要提供有针对性的建议和改进方向。同时，如何有效地分享研究结果，使团队成员能够充分理解并应用测试结论，也是本部分关注的重点。一般来说，报告应该包括背景摘要、测试方法、测试结果、发现和建议几方面。

背景摘要：介绍本次测试的背景，发起测试的原因，测试目标，测试内容，包括测试对象（网站或应用程序），此次测试的时间、地点，使用的设备，还要介绍测试团队，遇到的问题以及哪项工作做得很好。

测试方法：为方便其他人根据报告复现此次测试，借鉴此次测试中好的方法进行实践，需要将测试方法陈述在报告中。通过描述测试会话、收集的指标和任务场景概述来解释我们是如何进行测试的。描述参与者，并提供背景/人口统计问卷回答的汇总表（例如，年龄、职业、互联网使用情况、访问的网站等）。提供人口统计数据的简要摘要，但不需要介绍参与者的全名。

测试结果：对测试结果进行详细的记录和描述，包括测试期间出现的错误和异常情况、性能表现以及用户反馈等。使用图片、表格等方式来展示结果，可以使数据更加直观易懂。

发现和建议：结合数据，分析测试的调查结果和建议。每个发现都需要有一定的数据支持，可以是在测试过程中用户的行为，也可以是用户的评论。可以写出一个调查结果和总体的建议列表，也可以提供每个场景下的调查结果和建议。

6.5　利用 AI 进行测试与评估

近年来，可用性测试作为评估产品易用性和用户满意度的关键方法，正随着 AI 技术的迅速发展而发生深刻变革。AI 的引入不仅提升了测试的智能化水平，还极大地提高了测试过程的效率和准确性。

6.5.1　AI 在可用性测试中的应用

1. 自动化招募流程

传统的可用性测试在招募合适参与者时往往耗时费力，可能需要数周时间。AI 技术通过算法实现了招募流程的自动化，显著简化了这一过程。例如，UserTesting 和 PlaybookUX 等平台能够依据研究需求，快速筛选并匹配符合条件的参与者。这些平台利用机器学习算法分析大量潜在参与者的数据，包括人口统计学信息、兴趣爱好、使用习惯等，从而精准定位目标用户群体。

2. 智能行为分析

1）实时跟踪与数据收集

AI 工具如 Lookback 和 Hotjar 具备实时跟踪用户行为的能力，能够记录用户在界面上的每一个操作，包括鼠标移动、点击、停留时间等详细信息（图 6-8）。这些工具通过在用户设

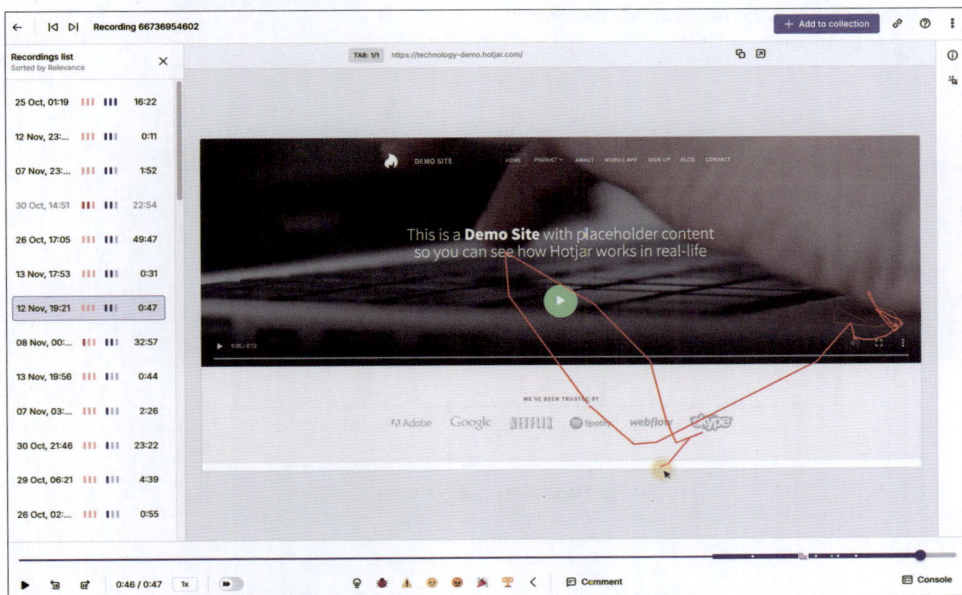

图 6-8　Hotjar 可跟踪用户行为用于可用性分析

备上嵌入代码或使用远程监控技术收集海量的行为数据，为后续深入分析提供丰富素材。

2）情感分析与用户洞察

借助先进的算法，AI 工具如 Odaptos 可以分析用户在操作过程中的情感反应。通过语音识别技术分析用户的语气语调，或通过面部表情识别（结合摄像头输入，若适用）判断用户的情绪，如满意、困惑、沮丧等。这种情感分析能够揭示用户在与产品交互时的深层次感受，帮助设计师发现可能导致用户不满或流失的潜在问题（图 6-9）。例如，在用户遇到操作困难时，系统可以检测到其语气中的焦虑情绪，并及时标记该场景，以便后续进行深入研究。

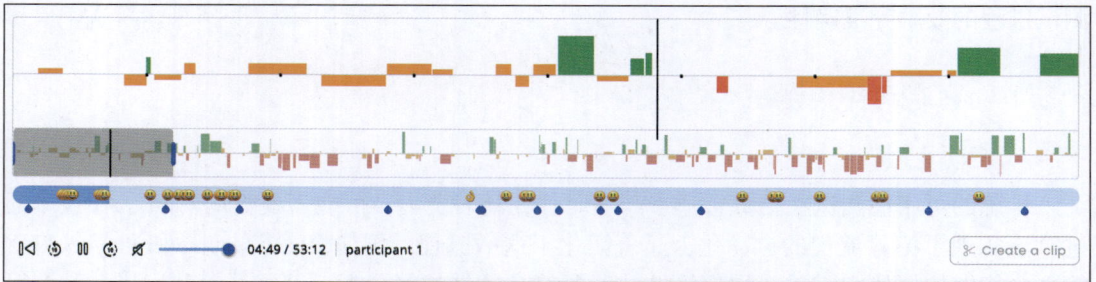

图 6-9　Odaptos 可自动分析用户操作过程中的情绪

3）模式识别与问题发现

AI 擅长识别大规模数据中的复杂模式，能够发现用户行为中的异常或趋势。例如，当多个用户在同一页面或操作流程中频繁出现停顿、重复操作或快速退出等行为时，AI 可以敏锐地察觉到这些问题，并将其标记为潜在的可用性问题区域（图 6-10）。

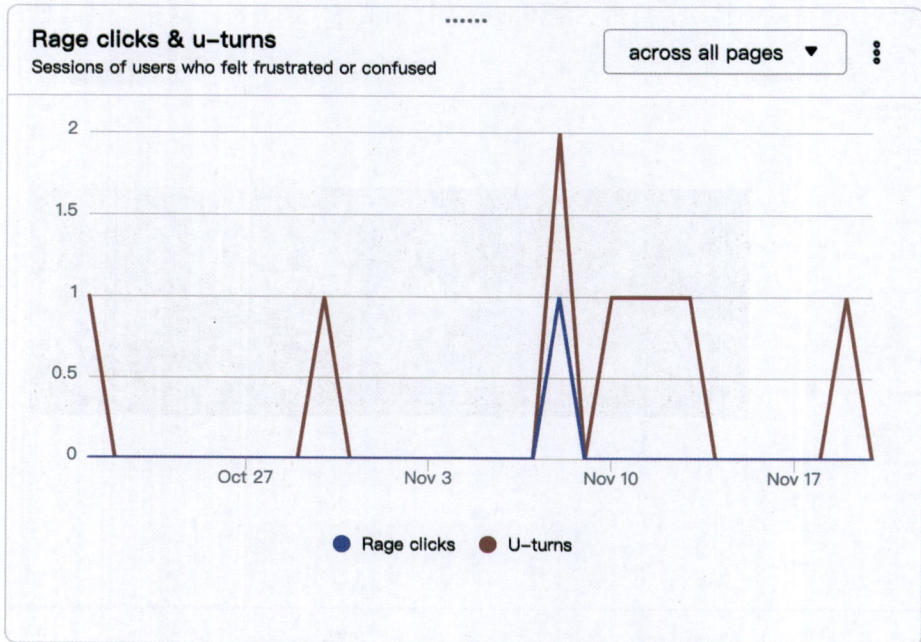

图 6-10　通过分析用户操作过程中的一些典型操作归纳出产品可能存在的问题

3. 自动化洞察与报告生成

1）数据解读与洞察提取

Dovetail 和 Odaptos 等 AI 工具能够自动处理和分析收集到的大量可用性测试数据，运用自然语言处理技术和机器学习算法，从用户的操作行为、反馈意见等多源数据中提取有价值的洞察。例如，通过分析用户在任务流程中的错误率、任务完成时间以及在不同页面或功能模块之间的跳转路径，AI 工具可以生成关于用户体验瓶颈和痛点的详细报告，指出用户在哪些环节遇到困难，以及可能导致这些问题的原因。

2）可操作建议的提供

基于对数据的深入分析，AI 工具不仅能识别问题，还能提供具体的、可操作的改进建议。例如，如果发现用户在某个表单填写过程中频繁放弃，AI 工具可能会建议简化表单字段、优化字段布局或提供更清晰的提示信息。这些建议以直观易懂的方式呈现给设计师和相关团队，帮助他们快速制订有针对性的优化策略，提高产品的可用性和用户满意度。

4. 预测性用户建模

AI 工具如 IBM 的 Watson 利用历史用户数据进行训练，构建预测模型。通过分析历史用户在类似产品或功能上的行为模式，预测新用户在使用目标产品时可能采取的操作路径和决策方式（图 6-11）。例如，对于一款电商应用程序，根据历史数据了解到用户在浏览商品后通常会查看评论、比较价格，然后决定是否购买，预测模型可以据此预测新用户在购物过程中的行为，帮助设计师提前优化产品流程和界面布局，以更好地引导用户做出购买决策。

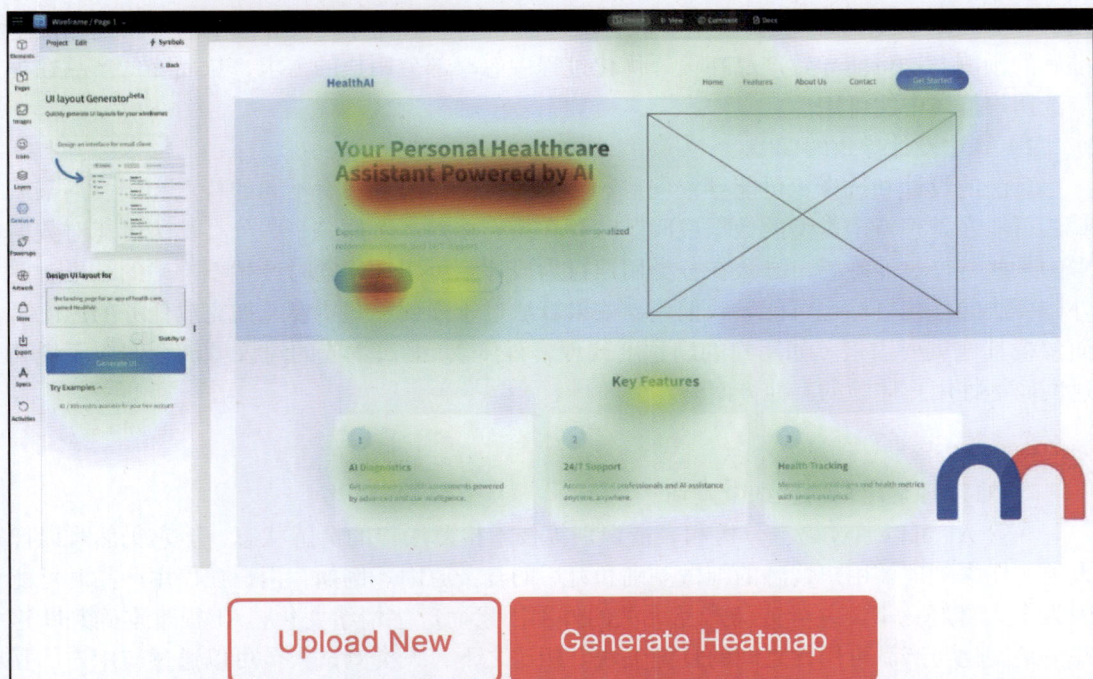

图 6-11　自动生成预测的眼动热图

6.5.2　AI 在可用性测试中的优势

AI 技术显著提升了用户测试的效率、准确性并扩大了其覆盖范围。在效率方面，AI 自动化招募和数据收集系统可将传统数周的工作时间缩短至数天，大大加快测试项目启动速度。在测试过程中，AI 能实时收集和分析海量用户行为数据，无须人工逐一记录整理。例如，数千人规模的可用性测试可从传统的数月缩减至数周完成。AI 还能在测试后立即生成深入分析报告，帮助团队快速确定改进方向并进行设计迭代。

在准确性方面，AI 可整合用户行为数据、情感数据、语音反馈等多维度信息，提供全面深入的分析。通过机器学习算法，AI 能在复杂数据中精准识别用户的行为模式和趋势，避免人工分析的主观偏差，准确定位普遍存在的问题。

在覆盖范围上，AI 支持全球范围的远程测试，突破了传统现场测试的地域和时间限制。AI 驱动的招募平台可根据复杂筛选条件，找到不同背景的用户群体参与测试，确保测试结果具有广泛代表性。

6.5.3　AI 在可用性测试中的挑战与局限性

1. 算法偏差风险

1）数据偏见导致的偏差

AI 算法的训练依赖大量数据，如果训练数据存在偏差，例如数据集中某些用户群体的代表性不足或数据本身存在偏差，那么算法生成的结果就会受到影响。例如，在收集用户行为数据时，如果样本主要来自年轻、技术熟练的用户群体，而忽略了老年用户或新手用户，那么基于此训练的 AI 模型可能会对产品在这些未充分代表群体中的可用性做出不准确的预测。这可能导致产品在设计优化过程中忽略部分用户的需求，从而降低产品在更广泛用户群体中的可用性。

2）算法设计导致的偏差

算法的设计和选择也可能导致偏差。不同的机器学习算法有不同的特点和假设，某些算法可能在处理特定类型的数据或问题时存在固有偏差。例如，一些分类算法可能对数据中的某些特征过度敏感，导致在分类用户行为或评估可用性问题时产生不准确的结果。此外，算法的优化目标也可能导致偏差，如果算法过于强调某些指标（如完成任务的速度），而忽视其他重要因素（如用户的满意度或理解程度），那么生成的建议可能会偏向于提高速度而牺牲用户体验的其他方面。

2. 缺乏人类同理心

1）难以理解用户情感细微差别

尽管 AI 可以通过语音分析和表情识别等技术检测用户的情感状态，但它仍然难以像人类一样深刻理解用户情感的细微差别和背后的复杂原因。例如，用户在使用产品时可能因为个人喜好、审美差异或与产品无关的外部因素而产生情绪变化，AI 很难准确判断这些情绪变化与产品可用性之间的真正关联。相比之下，人类测试人员可以通过与用户的互动、观察用户的肢体语言和表情变化，结合上下文更好地理解用户的情感状态，从而更准确地评估产品对用户情绪的影响。

2）无法完全替代人类做出判断

在可用性测试中，有些问题需要基于人类的生活经验、文化背景知识和对人性的理解来做出判断。例如，在评估产品的界面设计是否符合用户的文化习惯和认知模式时，人类测试人员能够凭借自身的文化素养和对不同文化的了解，快速判断设计元素是否可能引起误解或不适。而 AI 缺乏这种深入的文化理解和人类经验，可能会在某些情况下做出不恰当的评估或建议，无法完全替代人类在可用性测试中做出判断。

3. 视觉输入处理能力有限

1）仅基于文本分析的局限性

当前许多 AI 可用性测试工具主要依赖文本数据进行分析，如用户的反馈评论、操作记录等，无法有效处理视频或视觉输入。然而，在实际的可用性测试中，用户的许多操作和体验是通过视觉元素来传达的。仅基于文本分析会遗漏重要的上下文信息，例如用户在界面上未通过语言表达的操作意图、未提及但对体验有影响的视觉元素，以及因视觉设计导致的误解等情况。这可能导致 AI 测试工具生成的洞察和推荐模糊不清或不准确，无法全面反映用户在视觉交互层面所面临的可用性问题。

2）复杂视觉场景理解困难

对于复杂的视觉场景，如包含大量动态元素、多层级交互界面或具有特殊视觉效果的产品，AI 在理解和分析用户的视觉行为和体验方面面临巨大挑战。例如，在一款具有 3D 交互界面的游戏或具有虚拟现实（VR）/ 增强现实（AR）功能的应用程序中，用户的视觉注意力焦点、操作与视觉反馈之间的关系等复杂视觉信息很难被现有的 AI 工具准确捕捉和解读。这限制了对这类产品可用性的全面评估，可能导致潜在的可用性问题在测试过程中被忽视。

4. 上下文理解不足

1）缺乏对研究背景信息的有效整合

洞察生成器类的 AI 工具通常缺乏对研究目标、背景和之前研究结果等上下文信息的有效整合。这导致分析结果没有优先级之分，可能会产生大量无意义的主题，增加了从报告中识别重要信息的难度。例如，如果不了解当前测试是针对产品的新功能升级还是针对特定用户群体的优化，AI 工具可能会将所有发现的问题同等对待，而实际上某些问题可能在特定背景下更为关键，需要优先解决。

2）对用户行为孤立分析

在分析用户行为时，AI 工具往往孤立地看待每个操作和反馈，不能充分考虑用户在整个使用过程中的上下文环境。例如，用户在某个页面上的短暂停留可能被误判为困惑，但实际上可能是用户在仔细阅读重要信息。如果不结合用户之前的操作路径和后续行为来综合分析，就容易得出错误的结论，影响对产品可用性的准确评估。

6.5.4　建议

AI 在可用性测试中的应用带来了显著的进步，主要体现在提高测试效率和测试准确性、扩展测试范围以及提供创新测试手段等方面。然而，这一领域也面临一些挑战，包括但不限于算法偏差、缺乏人类同理心、视觉输入处理能力有限、总结与推荐的质量问题、上下文理解不足、缺乏有效的引用和验证机制以及性能不稳定等。这些问题可能会对测试结果的质量和有效性产生负面影响，因此在实际应用中需要特别注意并采取相应措施来解决。为了应对这些挑战，可以从以下几个方面入手。

首先，在数据质量保障方面，应当确保训练数据集的多样性与质量，这包括覆盖不同年龄、性别、文化背景和技术水平的用户群体，以减小算法偏差。同时，还需要对数据进行清洗和预处理，消除潜在的错误或偏见，采用多源数据融合策略，以增强数据的丰富性和全面性。

其次，构建人机协作模式，这是因为 AI 在处理某些复杂判断时可能不如人类。人机协作模式下，人类测试者可以利用自己的情感理解、文化背景知识和判断力优势，与 AI 的数据分析和模式识别能力相结合，从而提高测试的整体效果。

总而言之，虽然 AI 在可用性测试中展现出巨大潜力，但要真正实现其价值，还需克服现有的技术和应用障碍，不断推动技术创新和发展，以更好地服务于产品的设计和用户体验的优化。

思考与练习

1. 某银行 App 在转账流程中，用户输入金额后须手动选择"立即转账"或"24 小时延迟转账"，但未提供撤销入口。请结合启发式评估原则回答以下问题。

（1）指出该设计违反了哪两条尼尔森原则，并说明原因。

（2）根据问题严重性评分标准，给出该问题的严重性评分及修复建议。

2. 某电商平台拟优化商品详情页的"加入购物车"按钮设计，需同时评估视觉吸引力和操作效率。

（1）选择两种混合测试方法，说明其在场景中的具体应用方式。

（2）设计包含定量指标的测试方案，需引用 HEART 框架的至少 3 个维度。

3. 某团队计划在跨国电商平台的支付流程优化中引入 AI 驱动的可用性测试，需兼顾不同文化背景用户的操作习惯，请列举 AI 测试系统可能面临的两种典型挑战，并给出可能的解决方案。

参 考 文 献

[1] Barambones J, Moral C, de Antonio A, et al. ChatGPT for learning HCI techniques: a case study on interviews for personas[J]. IEEE Transactions on Learning Technologies, 2024, 17: 1486-1501.

[2] Bùdker S. Scenarios in user-centred design: setting the stage for reflection and action[J]. Interacting with Computers, 2000, 13(2): 111-125.

[3] Kühl N, Mühlthaler M, Goutier M. Supporting customer-oriented marketing with artificial intelligence: automatically quantifying customer needs from social media[J/OL]. Electronic Markets, 2020, 30(2): 351-367.

[4] Salminen J, Mustak M, Corporan J, et al. Detecting pain points from user-generated social media posts using machine learning[J/OL]. Journal of Interactive Marketing, 2022, 57(3): 517-539.

[5] Chromik M, Lachner F, Butz A. ML for UX?: an inventory and predictions on the use of machine learning techniques for UX research[C/OL]//Proceedings of the 11th Nordic Conference on Human-Computer Interaction: Shaping Experiences, Shaping Society. New York: Association for Computing Machinery, 2020: 1-11.

[6] Salminen J, Sengün S, Jung S G, et al. Design issues in automatically generated persona profiles: a qualitative analysis from 38 think-aloud transcripts[C/OL]//Proceedings of the 2019 Conference on Human Information Interaction and Retrieval. New York: Association for Computing Machinery, 2019: 225-229.

[7] Yang B, Wei L, Pu Z. Measuring and improving user experience through artificial intelligence-aided design[J/OL]. Frontiers in Psychology, 2020, 11.

[8] Sidaoui K, Jaakkola M, Burton J. AI feel you: customer experience assessment via chatbot interviews[J/OL]. Journal of Service Management, 2020, 31(4): 745-766.

[9] Zou Z, Mubin O, Alnajjar F, et al. A pilot study of measuring emotional response and perception of LLM-generated questionnaire and human-generated questionnaires[J/OL]. Scientific Reports, 2024, 14(1): 2781.

[10] Merton R K, Kendall P L. The focused interview[J/OL]. American Journal of Sociology, 1946, 51(6): 541-557.

[11] Swearngin A, Li Y. Modeling mobile interface tappability using crowdsourcing and deep learning[C/OL]//Proceedings of the 2019 CHI Conference on Human Factors in Computing Systems. New York: Association for Computing Machinery, 2019: 1-11.

[12] Myers B A. A brief history of human-computer interaction technology[J]. Interactions, 1998, 5(2): 44-54.

[13] Dourish P. Where the action is: the foundations of embodied interaction[M]. Cambridge, MA: MIT Press, 2004.

[14] Turing A. Computing machinery and intelligence (1950)[M/OL]//Turing A. The Essential Turing. Oxford: Oxford University Press, 2004.

[15] Rodden K, Hutchinson H, Fu X. Measuring the user experience on a large scale: user-centered metrics for web applications[C]//Proceedings of the SIGCHI Conference on Human Factors in Computing Systems. New York: ACM, 2010: 2395-2398.